无厂模式

半导体行业的转型

[美]丹尼尔·南尼 [美]保罗·麦克莱伦 /著

王烁 /译

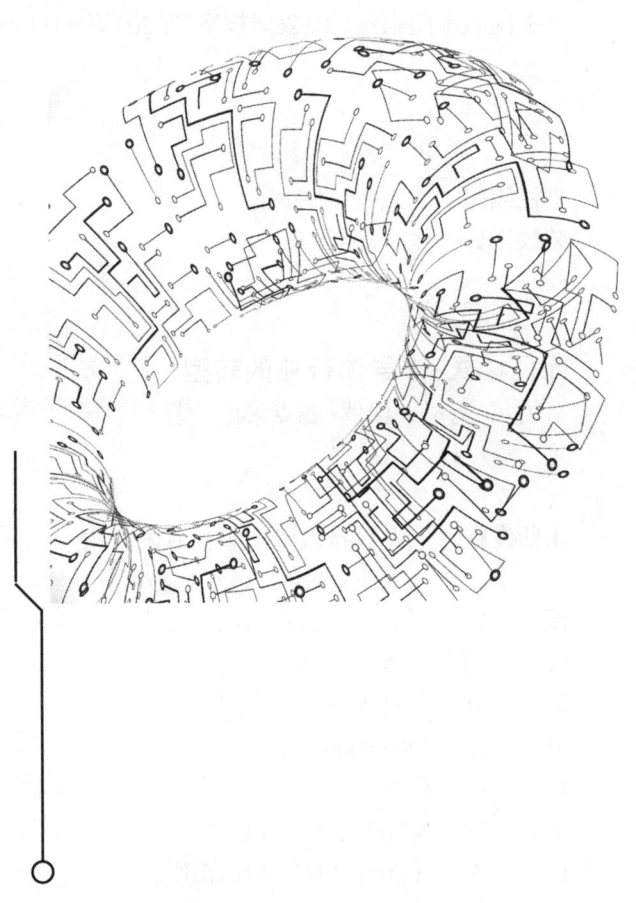

 上海科技教育出版社

图书在版编目(CIP)数据

无厂模式:半导体行业的转型/(美)丹尼尔·南尼,(美)保罗·麦克莱伦著;王烁译.—上海:上海科技教育出版社,2020.2

书名原文:Fabless: The transformation of the semiconductor industry

ISBN 978-7-5428-7151-0

Ⅰ.①无… Ⅱ.①丹… ②保… ③王… Ⅲ.①半导体工业—工业史—研究—世界 Ⅳ.①F416.63

中国版本图书馆CIP数据核字(2020)第002430号

责任编辑 李志棣 匡志强
装帧设计 杨 静

无厂模式:半导体行业的转型

丹尼尔·南尼 保罗·麦克莱伦 著
王 烁 译

出版发行		上海科技教育出版社有限公司
		(上海市柳州路218号 邮政编码200235)
网	址	www.sste.com www.ewen.co
经	销	各地新华书店
印	刷	常熟华顺印刷有限公司
开	本	720×1000 1/16
印	张	12.5
版	次	2020年2月第1版
印	次	2020年2月第1次印刷
书	号	ISBN 978-7-5428-7151-0/N·1073
定	价	48.00元

前言

半导体技术的创新力量足以改变世界，但是，当半个多世纪前半导体产品诞生时，还鲜有人能预见其广阔前景。而今，半导体具有的创新力量已经从最初的应用场景延展开去，在这个过程中，半导体产品的制造方式也随之改变。

在最初发展的30年中，半导体行业首先沿用的是当时行之有效的集成式制造模式。拥有制造能力的公司自行研发、生产和销售自家的产品。接着，创新动力与供求关系规律性的互相作用，使一个被称为"外包"的新概念应运而生，催生出如今广为人知的专业代工模式，世界的面貌也因之彻底改变。

张忠谋博士在确定创新需求并为满足该需求提供必要的资源方面，作出了为人称道的贡献。这种需求就是：为因缺乏资金而未能购买昂贵设备的新兴半导体公司提供百分之百专用的制造资源。所有伟大的想法往往发源于简单的前提条件。人们没有预见到的是，从这一创举中竟会分化出两个甚至三个新的行业分支，而且每个分支都为如今整个行业的创新发展作出了巨大贡献。

张忠谋博士于1987年创立台湾积体电路制造公司（台

积电），代工行业与无厂化半导体生产模式随即诞生。如今，那些自身缺乏制造资源的无厂化半导体公司成为创新根本之源，也成为电子世界赖以长期发展的根基。在代工行业的支持下，这些公司可以减少对制造领域的投入，将资本集中投向设计与创新。这样一来，创新的浪潮便以前所未有的速度席卷大地，世界的经济发展也快速地向前推进。借此，几乎每一家半导体公司都具备开展全方位创新的灵活性，进而不断地丰富着我们日常生活中充分依赖的产品种类。

作为无厂化模式的补充，设计生态圈的崛起和发展同样意义非凡。该生态圈力量巨大，通过与设计师、代工厂的密切协作，确保设计生产下一代流片所需的知识产权模块、设计工具与适时地经过检验的服务可以投入使用，以满足客户将产品推向市场的时间要求。如今，无厂化模式、专业代工行业分支和独立的设计生态圈，正合力驱动着移动通信革命的发生，并将成为物联网的基础。

即使在写作本书之时，半导体行业依然持续着它的演化。在半导体价值链中推动设计与制造环节一体化的力量如今正往上游（主要的产品公司）和下游（生产设备和物料供应商）扩展。一体化的力量正在显山露水，虚拟一体化的趋势特征明显。根据定义，虚拟一体化指的是为下一代革新指明方向、勾勒远景的协作力量。

创新永远是半导体行业的标志，也是贯穿本书的主题线索。能跻身这个激动人心的行业，将我的想法引为本书阅读前的简介，我倍感荣幸，同时也深感惶恐。

侯永清 博士

台积电研发副总裁

2014年1月

目录

引言 / i

第一章　半导体世纪 / 1

第二章　专用集成电路业务 / 11
　　　　自述：超大规模集成电路技术公司 / 18
　　　　自述：壹晶 / 25

第三章　现场可编程门阵列 / 33
　　　　自述：赛灵思 / 40

第四章　转向无厂化模式 / 53
　　　　自述：芯片技术公司 / 57

第五章　代工厂崛起 / 60
　　　　自述：台积电与开放创新平台 / 67
　　　　自述：格罗方德 / 77

第六章　电子设计自动化　/ 85
　　自述：明导　/ 94
　　自述：铿腾　/ 109
　　自述：新思　/ 124

第七章　知识产权　/ 139
　　自述：安谋　/ 145
　　自述：想象科技　/ 153

第八章　半导体行业路在何方？　/ 165

引言

写作本书的目的是希望展现无厂化半导体生态圈恢宏壮丽的阵容,让实至名归的业界赞誉适得其所。

我们将从技术和商业远景两个角度来讲述半导体行业的发展历史。我们认为,自20世纪80年代中期以来,无厂化商业模式的发展一直是半导体行业增长的关键性促动因素。因为技术和商业模式总是在年复一年地为我们带来激动人心的新创意、新思路,我们尤为关注电子行业的发展演变过程。

我们还邀请了一些行业带头人来撰写部分章节。"自述"章节由行业内重量级公司自行讲述公司的历史,着力于阐释公司赖以成功的行业进展(包括技术和商业模式方面),以及它们又如何相得益彰地进一步推动了半导体行业的演变。

在开始深入探索之前,我们先要定义几个术语。全书中,当我们讨论设备内装配的各种元器件时,不会使用像手机、电视等泛指整体设备的"电子产品"一词,我们用的是诸如芯片、集成电路、专用集成电路、片上系统、现场可编程逻辑门阵列等专业术语。芯片或集成电路可以在更广的意义上指代我们所述中包含的两类主要半导体设备,一类是专用集成电路及片上系统,另一类是现场可编程逻辑门阵列。其他许多电子元件,如内存、闪存、混合信号器件和微电机系统,本书不做介绍。

我们还会谈到半导体行业发展的几个阶段,并使用以下术语来指称那些具有某种明确的商业模式特征的公司与技术。

集成电路(Integrated Circuit,IC):也称为芯片,是在硅基板上包括晶体管及其他器件在内的一系列电子电路的集合。

系统公司:使用其他公司设计的芯片生产消费品的公司,如思科(Cisco)、苹果(Apple)。

半导体公司:也称集成器件制造商(IDM),如英特尔(Intel)、三星(Samsung)。这些公司设计并生产标准芯片,供系统公司生产产品使用。20世纪80年代中期以前,所有半导体公司都属于集成器件制造商,也就是说,他们同时负责芯片的设计与制造。后来形势逐渐发生了变化,集成器件制造商如今只剩下几家(主要是英特尔、三星)。其他芯片厂商都将制造业务外包给了代工厂。

专用集成电路(Application Specific Integrated Circuit,ASIC):专用集成电路可能用来指代两种事物。一是指与通用芯片相区别,专为特定用途客户设计的芯片;二是指从20世纪80年代起,为其他半导体或系统公司完成专用集成电路物理设计与制造的公司。目前,"专用集成电路"与"芯片"往往可以互换使用。

片上系统(System-on-Chip,SOC):指的是将计算机或其他电子系统的所有元器件集成到单一芯片上的集成电路,可能具备数字、模拟、混合信号功能,往往还有射频功能,都完全集成在单一芯片的基板上。

无厂化公司(Fabless Company):这类公司自行设计芯片,但将制造业务外包给第三方。第三方可能是一家纯晶圆厂,或是出售过剩产能的集成器件制造商。这一模式如今占据市场主导地位。

电子设计自动化(Electronic Design Automation,EDA):电子设计自动化公司开发的软件用于设计各类现代半导体器件。当前的三大电子设计自动化公司是新思（Synopsys）、铿腾（Cadence Design Systems）与明导（Mentor Graphics）。

知识产权（Intellectual Property，IP）：半导体知识产权公司出售芯片设计方案，可供客户的专用集成电路、片上系统或其他半导体器件使用。一个恰当的比喻是，知识产权公司不出售整套房子，而它们出售的是建筑蓝图。目前名气最大的知识产权公司是安谋（ARM）。

代工厂（Foundry）：不设计芯片，只专门从事半导体制造的业务机构。"晶圆厂"泛指所有半导体制造厂，无论是从属于某集成器件制造商（如英特尔），还是作为独立运营的代工厂（如台积电）。

设计芯片并交付生产，其背后的经济原理与医药行业面向市场推出新药有几分相似。一种药品从研发起步到发往药店柜台，期间耗资巨大。不过一旦完成这个过程，你手中便有了一种成本几美分、售价却可能达到10美元的药品。芯片与此类似，虽然原因有所不同。芯片设计与制造的成本高得惊人，但后来定型芯片的成本只需几美元，后者却可以用来生产售价几百美元的产品。也可以这样来看，因为得到第一块芯片的成本达数百万美元，只有出货量大，才能形成可观的利润。

我们希望本书能让读者了解到，虽然基于芯片的电子产品价格低廉，应用广泛，但它们的制造过程却十分复杂，而且成本高昂。这一过程需要数百名设计工程师组成多个团队，还需要和各种软件、元件和服务团队共同搭建起复杂的生态圈。实际制造芯片的晶圆厂的建设成本比核电站还要高。在四十年里，单位晶体管的成本逐年稳步下降，而且趋势明显。成本下降的背后有众多原因，我们认为在它们之中，无厂化半导体生产模式在过去三十年里发挥了最重要的作用，居功至伟。

下一章将介绍半导体行业历史的发端，包括作为所有现代数字设备基本组件的晶体管的发明、集成电路的发明，以及围绕两者兴起的多家公司。

第一章
半导体世纪

电子产品背后隐藏的技术大多数时候无法看得真真切切，但它对我们的日常生活、身体健康、经济运转和娱乐活动有着确凿无疑的影响。如今，数字电子产品无处不在，它们在现代人类的日常生活中不可或缺。然而，情况并非一直如此。

历史上的两件大事，偶然之间将消费类电子产品带入了千家万户。1947年发明了晶体管，1959年发明了集成电路。加上随后发生的点点滴滴小改进，使集成电路的体积缩小、价格下降，达到几乎占据人类生活方方面面的程度。

在20世纪五六十年代，西方国家的孩子们眼中看到的家用电子产品就是收音机和电视机，两者使用的都是电子管（有些国家称之为真空管），不涉及数字半导体技术。唯一算得上广泛普及的电子产品是晶体管收音机，价格大约是20美元（相当于2013年的150美元）。

进入20世纪70年代，孩子们仍旧观看模拟电路电视，但所有的收音机都变成基于晶体管技术。人们也可以购买到袖珍计算器（价格相当于2013年的160美元）、早期个人电脑、电子手表和雅达利游戏机*。80年代的孩子还拥有随身听、CD播放器、录像机、摄影机、大型手提式录音机和电动打字机，可能也有一台名副其实的IBM电脑。1990年后出生的人大概记不清，手机、平板电视、小型游戏机、笔记本电脑和平板电脑出现在我们的生活之前，

---

* 雅达利（Atari），美国一家电脑游戏机厂商。——译者

世界是怎么一副模样。如今,几乎没有什么事物能少了电子技术的参与,从家庭恒温器到牙刷,再到汽车和医疗器械。

如今,一台iPad的计算能力超过了1990年的克雷超级计算机,后者的体积同冰箱有得一比。我们的汽车上都搭载着数十个微处理器,我们在网上购物,在平板电脑上看书,我们使用的游戏机比20年前的飞行模拟器的性能还要强大。对2013年出生的孩子而言不可或缺的常见电子产品会是什么,这样的问题就留给未来学家们去预测吧。相比过去,如今日常生活中出现的电子设备,在数量和种类上都实现了迅猛增长,居高不下。

晶体管和集成电路的发明

虽然不过是计算机芯片中一个控制电流的开关,但晶体管几乎是所有电子设备的核心。它也因此跻身于20世纪最重大发明之列。1947年,约翰·巴丁(John Bardeen)、沃尔特·布拉顿(Walter Brattain)和威廉·肖克利(William Shockley)在新泽西州的贝尔实验室发明了晶体管。随后,肖克利离开贝尔实验室,回到位于加利福尼亚州帕洛阿尔托的家乡。他创办了肖克利半导体实验室,作为贝克曼仪器公司的一个部门,并努力拉拢贝尔实验室的前同事加入。该计划失败后,他前往各大学招募能力最拔尖的年轻毕业生来共同建设新公司。这是硅谷的真正起源,时至今日,其中的某些文化仍然存在。人们普遍认为,正是肖克利将硅带到了硅谷。

> "我们当时并不知道的是,集成电路可以为电子产品的功能,实现成本降低至百万分之一,此前,从未有任何事物拥有这样的力量。"
>
> ——杰克·基尔比(Jack Kilby)

肖克利的管理风格十分粗糙,疏远了许多为他做事的人。当他决定停止研究硅材料晶体管时,最后一根稻草便压了上来。八名员工,俗称"叛逆八人帮",辞职离开公司,凭借仙童摄影器材公司提供的种子基金,建立了仙童半导体公司(Fairchild Semiconductor Company)。几乎所有半导体公司,尤其是英特尔、超威(AMD)和美国国家半导体公司[National Semiconductor,如今属于德州仪器公司(Texas Instruments)],或多或少都与仙童半导体公司有着某种渊源。因此,这些公司也被称为"众仙童",是它们推动了硅集成电路的发展。硅并非制造晶体管时唯一起作用的材料,但事实证明它是决定性技术要素。

第二项重大发明出现在1959年,仙童半导体公司的金·霍尔尼(Jean Hoerni)开发出"平面"制造工艺,让晶体管变得扁平,从而适合大规模生产。同年,德州仪器公司的杰克·基尔比与仙童半导体公司的罗伯特·诺伊斯(Robert Noyce)开发出集成电路,将二极管、晶体管、电阻和电容连接在一块硅芯片上。基尔比和诺伊斯双双获得美国国家科学奖章,基尔比还因此成就获得2000年诺贝尔奖(诺伊斯于1990年去世)。

事实证明,集成电路是一项伟大的突破。此前,晶体管都是在逐个生产后以人工的"飞线"连接起来。使用平面制造工艺则可以同时生产多个晶体管并实现连接。到1962年,仙童公司生产的集成电路上带有约12个晶体管。在此期间,还有很多方面发生了巨变,可如今我们生产的芯片虽含有十亿个晶体管,也依然遵循同一基本原理。晶体管和集成电路这两项发明,是当今电子技术的核心,也是电子产品对人类生活发挥种种影响的关键所在。

摩尔定律

"集成电路的关键,在于合并此前分散的电子元件的功能,将之纳入单一的全新芯片中,免费或至少以比分散的元件本身低得多的价格再推向市场。因此,半导体技术通吃一切,与之对抗将吃力不讨好。"

——戈登·摩尔(Gordon Moore)

1965年,戈登·摩尔是仙童公司负责研发部的领导人员。他注意到,仙童生产的集成电路晶体管数量似乎每两年就要翻一番。同年,他在期刊《电

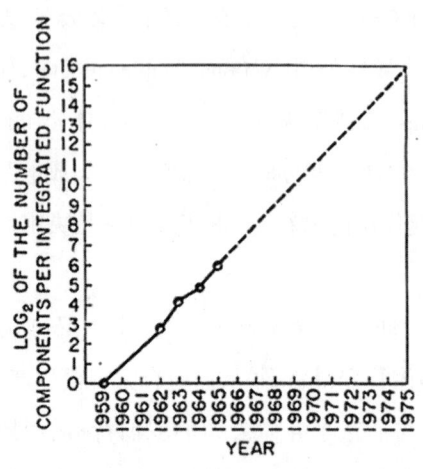

摩尔最初在文章中用到的图片，预测芯片上的晶体管数量将稳步上升

子学》（第38卷，第8期）上发表文章《将更多元件塞入集成电路》，从该文中的配图便可以看出这一点。他当时指出，"集成电路将带来许多神奇的新事物，如家用电脑、汽车自动控制系统和个人便携通信工具。"

要知道那是1965年，当时集成电路只含有64个晶体管。这是一个具有非凡意义的预测。他说得对，我们的确拥有了家用电脑、汽车自动控制系统（尚未完全自动）和个人便携通信设备——也称为手机。他的预测与通俗科幻小说中有关未来的科技设想并不相同，因为他所依据的，是对计算性能发展轨迹的事实观察。请注意，他并未预测汽车将在空中飞行或是某种无限量的能源取之不竭，而20世纪中期的未来学家们大都认为这两项技术会不可避免地出现。让人惊讶的是，摩尔提出这一观点近50年后，半导体器件的复杂度似乎仍在以同样的速度增长。戈登·摩尔当初的预测如今被称为"摩尔定律"。

然而，摩尔定律也可以这样解读：电子产品实现任何功能的成本，大约每两年减一半。在长达20年的时间段里，成本的降低将达到千倍级。如今一台电子游戏机的计算性能和图像效果，远远强过20世纪70年代最高端的飞行模拟器。一台喷墨打印机的计算性能，也大大超过美国宇航局几十年前登月时所配置的电子设备。

电子技术成本呈指数级下降，在过去近20年的时间里改变了人类生活的诸多方面，集成电路变得价格低廉，最终嵌入了消费类的电子产品。半导体技术如此快速地发展，我们才对电子技术有了与众不同的期待。我们不会期望汽车价格每几年减一半，或者一加仑汽油的行驶里程每几年翻一番。英特尔公司提出了另一项对比：1978年从纽约飞往巴黎需要7小时，花费900美元，如果航空业同样遵循摩尔定律，那么到2005年就会只需要1秒，花费1美分。

集成电路的生产流程

集成电路的设计和生产流程似乎有些抽象。事实上，这一流程十分复杂，但也并非深不可测，难以理解。集成电路的设计过去完全依赖人工，如今则借助专业的设计软件来完成，后文有相关论述。基本的生产技术从最初的平面工艺演变而来，当时集成电路是一层层叠加在硅基圆盘（即晶圆）上的。如今，一块晶圆的直径有12英寸（300毫米）长，面积约为70 000平方毫米，大小与餐盘相仿。如果集成电路很小，例如长宽各1毫米，那么一块晶圆就可以容纳70 000个这样的集成电路。如果是大型集成电路，例如20×20毫米，一块晶圆就只能容纳148个集成电路了。晶圆上的集成电路也被称为裸片。在半导体行业，裸片既是单数，也是复数名词。

各种材料层在原始硅晶圆上，依次布放，包括半导体、金属和电介质材料。先构造出晶体管所在层，在这个层面生成所有的晶体管。接着布放金属层，利用化学制品蚀刻形成电路，将所有晶体管连接起来，并连上外部供应电源（例如手机上的电池）。

这一生产流程的关键要求在于，晶圆裸片上的所有晶体管必须同时生成，各金属层也要同时形成。正是这种令人难以置信的能同时生成数以亿计晶体管的效率，使得电子产品的价格年复一年地以每月5%的速度下降。

这一生产流程采用的感光工艺是光刻法。光线穿过掩模版（更确切地应称

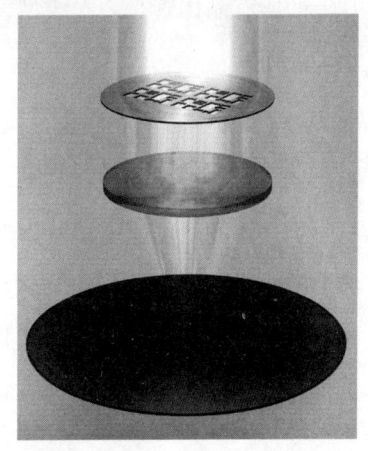

光线穿过掩模版，如同印刷模版的作用，在晶片上刻出电路。图片已获得英特尔的展示许可

为倍缩式掩模版)照射到裸片上。这种掩模版往往是集成电路上所有元件的负像。光刻机的光线每次从激光器穿过掩模版射向一块裸片,然后重复这一步骤处理晶片上的其他裸片,直到完成晶圆上全部裸片的曝光。光刻过程会在光刻胶上形成电路图案,光刻胶是晶圆上的涂层,其化学性质可通过经掩模版射入的光线进行调整。晶圆经过这样的处理,会在每块裸片的光刻胶上形成相应的掩模版电路模式图案。

光刻机在每块裸片上刻出电路后,开始凭借机器设备的高效实现巨大增值的加工过程。在这个过程里,整块晶圆继续经过刻蚀、掺杂、加热等加工环节,将电路图转化为实实在在的晶体管、电路和过孔*,各层的金属经由过孔连接起来后,最终制成了集成电路。

需要强调的是,这一生产工艺并不依赖于制造对象的产品性质。这就像电脑打印机并不需要根据用户待打印的内容来进行重新设置,用户只管把他们的数据发送过去即可。同样,半导体生产工艺也与集成电路的最终用途无关。

在此处深入阐述生产流程的所有细节,明显会让行文过于复杂。读者需要记住的重点是,不管裸片上有多少晶体管,也不管最终产品是什么,裸片上的所有晶体管是一次成型,而晶圆上所有裸片也以极高的效率同时被加工处理。

集成电路的生产环境

生产集成电路的工厂被称为晶圆厂(fab),其内部环境总保持得十分干净整洁。如果以晶圆厂的"无尘室"标准来衡量,医院手术室只能算是肮脏不堪了。晶圆厂里的空气可能几秒钟更新一次,从天花板上的高效空气过滤器(high-efficiency particulate air,简称HEPA)吹出下行,然后经地板上的

---

* 过孔,也称金属化孔。在双面板和多层板中,为连通各层之间的印制导线,在需要连通导线的交汇处钻出过孔。——译者

孔眼流出,在过滤之后再度循环使用。事实上,人们最近发现即使这样操作,晶圆厂的空气也依然不够清洁。裸片上只要随便沾附几个粒子,整个裸片就得报废。如今,人们把符合更高清洁标准的箱子依次连接到每一环节的加工设备上,然后把晶圆放

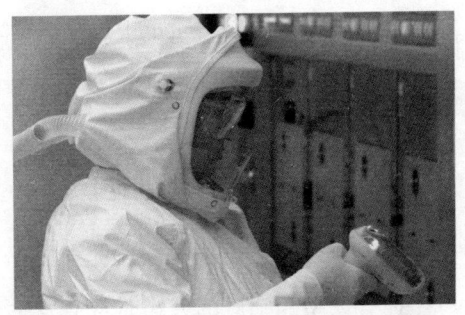

英特尔工厂内,身穿无尘服(也称兔子服)的技术员。图片已获得英特尔的展示许可

在里面加工。晶圆厂的生产设施虽然也很昂贵,却并非成本的大头,真正花费成本的是创造和保持无尘环境的各种设备。

保持无尘环境为何如此重要? 在现今的集成电路上,晶体管的宽度为20纳米。一毫米等于100万纳米。相比之下,人类头发的直径约为100 000纳米。显然,一根头发掉到晶圆上简直就是一场灾难,成千上万的晶体管将无法得到正确的加工,造成裸片报废。其实,只要有10纳米宽的物体落到晶圆上,裸片就很可能会因此报废。没有正确加工的裸片只能丢弃,因为在成型之后一般就无法进行修复了。

现代化晶圆厂的成本着实高得惊人。行业里的一家大公司计划在2014年开建一座晶圆厂,预估成本为100亿美元。由于晶圆厂的生命周期约为5年,拥有一家工厂相当于每秒投入的成本接近50美元,这还没有考虑购买硅原料、化学品和设计芯片的费用。显然,如果希望经营晶圆厂盈利,最好是准备生产和销售大量的芯片。事实就是如此,一座现代化的晶圆厂每月生产餐盘大小的晶圆数量超过50 000个。

晶圆厂的成本并非一直如此高昂,在不算很久之前,大多数的半导体公司都拥有自家的晶圆厂。在1980年,每家半导体公司都拥有自己的晶圆厂,自行设计后交付生产加工。然而,晶圆厂的盈利规律在过去约20年的时间里全然改变了半导体行业的业态。如今,半导体公司普遍采用的模式是将生产外包。这样的公司被称为"无晶圆厂"(fabless)的公司,为其生产集成电

路的公司被称为代工厂(foundry)。半导体行业业态的这种转变是本书反复提及的主题,也是半导体行业能蓬勃发展的关键所在。

商业模式:从有厂到无厂

向生产外包迈出的第一步是某些公司开始与其他公司共用自家的工厂。拥有大型晶圆厂的公司时常会发生产能过剩的情况,为了让生产线持续处于运转的状态,这些公司便将它们富余的产能卖给其他产能不足的公司。

随后到了20世纪80年代初,一种新型的半导体公司在市场上涌现,它们专门为系统公司设计特定的应用芯片,而不直接使用现有的标准集成电路。这些新公司提供物理芯片设计的技术服务,也负责加工生产(或采用生产外包方式加工)出芯片,再将芯片卖给系统公司。这样的芯片被称为专用集成电路(Application Specific Integrated Circuits,简称ASIC),虽然"客户专用集成电路"(Customer Specific Integrated Circuits)的叫法也许更为准确,可惜听上去没有那么上档次。这种专用集成电路的模式,让一些公司无须运营工厂设施就可以从事定制化集成电路的设计工作。

到20世纪80年代中期,越来越多的公司没有经过投资建厂的环节,就开始拥有专用的集成电路。它们购买了其他工厂过剩的代工产能。这些公司被称为无厂化半导体公司,原因显而易见。而拥有自家工厂的半导体公司则被称为集成器件制造商(integrated device manufacturer,简称IDM),以和无厂化公司相区别。

1987年里,另一种新型的半导体公司出现了。它们是纯晶圆代工厂,只为其他公司生产集成电路,后者要么是无厂化公司,要么自有工厂的产能有限。纯晶圆代工厂本身并不设计半导体产品。代工业务出现之前,从无到有地建立起一家半导体公司十分困难,而且要背负高昂的成本。建设工厂成本高,开办无厂化半导体公司又需要与集成器件制造商友好接洽,就购买富余的代工产能进行复杂的谈判协商。代工厂出现以后,进入半导体市场的成本和风险都大大降低。结果呢？无厂化半导体公司在20世纪90年代如雨后春笋般涌现，其中许多都有硅谷的风投资本支持，瞄准了电脑图像处理、网络芯片和无线电话芯片等领域不断增长的市场需求。

朝向无厂化模式的转变，也并不完全是好评如潮。杰瑞·桑德斯(Jerry Sanders)是超威设备公司(Advanced Micro Devices，简称AMD)的联合创始人，并长期担任着首席执行官的职务。20世纪80年代末无厂化革命风起云涌之际，他发表了一句名言："好汉都有晶圆厂"(Real men have fabs)。他的意思是说，设计及其生产必须紧密无间地两相结合。在微处理器行业，超威与英特尔存在竞争关系，这种说法可能适用于超威。但是对许多其他公司来说，事实证明，这句名言并不正确。

随着时间的推移，新的变革再次降临。集成电路设计的专业知识逐渐传播开来，许多系统公司转而支持在内部完成芯片设计，停止了与专用集成电路公司的合作。到20世纪90年代，许多系统公司都建立起大型的集成电路设计团队，而专用集成电路公司逐渐开始销售自家产品，越来越往集成器件制造商的方向靠拢。

由于晶圆厂的建设运营成本不断提高，越来越多的集成器件制造商(如德州仪器、超威)也开始选择无厂化模式。某些公司完全转入无厂式的运作，其他公司则保留旧有的晶圆厂，同时利用第三方代工厂生产最先进的集成电路。这就是所谓的轻晶圆厂(fab-lite)。

半导体行业当今的行业业态便是如此。有少数几家集成器件制造商自行设计，并在自有工厂里生产自家几乎所有的芯片，如英特尔。代工厂不做芯片设计，只为其他公司承担生产业务。还有像赛灵思(Xilinx)和高通(Qualcomm)那样的无厂化半导体公司，以及德州仪器那样的轻晶圆厂半导体公司，它们自行设计芯片，自行销售产品，但它们的生产业务部分或全部外包给了代工厂。

半导体技术和产业发展到今天的规模，也离不开其他因素的推动作用。这其中包括了电子设计自动化(Electronic Design Automotion，简称

EDA），即设计集成电路所需的专用软件。半导体公司原本都是自行开发这种软件，后来都变成了外包。许多集成电路或片上系统(systems-on-chips，简称SoCs)组件也出现了类似的状况。半导体公司一度需要自行生产芯片上的所有器件，或者通过其他公司来定制器件。而如今强大的市场上，活跃着各类型现成的功能器件，可在得到授权后用于芯片开发，其中包括模数转换器、存储器和处理器，合在一起被称为硅界的知识产权，即IP。

从集成电路到iPad

有了对晶体管历史的基本了解，我们就可以观察半导体行业中商业与技术两方面多年来曾发生的种种变革，研究这个行业是如何一步步发展至今的。本书各章主要按以下脉络阐述了半导体行业的过去和未来：

- 起源：晶体管和集成电路的发明
- 第一次重大转变：从现成元件到专用集成电路
- 第二次重大转变：从晶圆厂到无厂模式
- 电子设计自动化的发展：出售软件，盘活全局
- 知识产权的作用：出售模块，铸造芯片
- 未来：行业大师展望

每章阐述一个主题，从该角度探讨发展历史和关键技术，中间穿插当今无厂化半导体业界领军企业提供的部分内容。他们自行介绍公司的历史，阐释各自在行业生态圈中扮演的角色。在本书的最后一章，行业大师们将分享他们对未来的展望，预测半导体行业如何进一步推动创新，促进经济。我们希望，以这种主客观相结合的方式回顾历史，能让读者在开阔视野的同时，收获愉快的心情。

第二章
专用集成电路业务

20世纪80年代以前，集成电路含有的晶体管数量较少，设计生产方是像仙童半导体和德州仪器那样的传统半导体公司。当时的芯片是通用的基本组件，各公司都是购买这样的组件制成产品。然而，到了80年代初，半导体技术上的突破，使单一芯片上能集成的功能远远超越过去，电子产品生产商开始探寻能让他们从竞争中脱颖而出的新途径，他们希望开发出别具一格的集成电路，专为他们的特定产品量身打造。这催生出一种新型芯片专用集成电路（也称为ASIC），并衍生出全新的商业模式，使半导体行业的格局发生了翻天覆地的变化。

传统半导体商业模式

从集成电路登场到20世纪80年代前夕，半导体公司的商业模式是设想出市场需求，据此进行设计生产，然后在公开的市场上将产品出售给众多的客户。随着电子产品的功能结构日趋复杂，客户需要有能力满足他们特定需求的芯片，而不是市场上人人唾手可得的通用芯片。传统的半导体公司由于商业和技术上的原因，并不具备提供这种芯片的能力。从技术层面来看，半导体公司虽说是半导体方面的行家里手，却缺乏有关系统的技术知识，因而无法为细分市场设计出专用集成电路。从商业层面来看，提供多版本产品会增加设计上的开销成本，削弱大规模生产少数几种产品形成的优势。另一方面，系统公司尽管明确地知道产品最终形态，但由于缺乏半导体方面的技术能力,无法自行设计芯片,或者即使设计出来也找不到合适的途径安排生产。系统公司需要找到芯片设计的新途径。

专用集成电路业务蒸蒸日上

一个新的细分市场逐渐在视野中明晰,市场呼唤着为系统公司提供定制化集成电路的商业服务。超大规模集成电路技术公司(以下简称VLSI技术公司)和大规模集成电路逻辑公司(以下简称LSI逻辑公司)引领了专用集成电路这一新的业务发展方向。两家公司主要凭借丰富的半导体设计和生产经验为其他公司生产芯片,由此产生出一种新的模式,由系统公司完成前期设计(也称前端),详细说明需求的目标功能,将物理层设计(也称后端)和生产交给专用集成电路公司去完成。

技术成本高昂,客户数量寥寥可数,让这项业务的前景在一开始并不被看好。但后来其优势逐渐显露出来,新兴的专用集成电路公司也开始创下佳绩。以LSI逻辑公司为例,其2000年报告的营业收入达27.5亿美元。

专用集成电路这种新的商业模式为半导体行业其后发生的一系列变革打下了基础。例如,许多尚处于萌芽阶段的电子设计自动化公司都注意到了这一崭新的市场领域。它们还发现,印制电路板的设计自动化系统,也能用于专用集成电路设计的前端环节。

专用集成电路的设计模式

一般情况下,专用集成电路的设计流程是这样的。系统公司,特别是为那个时代引领电子行业风潮的个人电脑业务生产插件的公司,产生了开发某款新型芯片的想法,便会和几家专用集成电路公司谈判协商,选择其中的一家开展合作,尽管这时他们对设计工作量只能做出大致的判断。被选中的专用集成电路公司将为系统公司提供被称为标准件的基本构件材料库。

接着,系统公司使用一款名为原理图编辑器的软件进行设计,从材料库中选取所需元件，制订它们之间的连接规则。这一阶段会输出连线表，指的是由元件和相应连接方式组成的表格清单。

同开发软件、撰写书籍一样，第一版的设计草稿往往错漏百出。但就半导体技术产品而言，不可能先制造出半成品再从中细究错误。按当时的实际情况，生产第一版的原型芯片可能要花费数万美元，时间上也需要花去几个月。而且与写作不同的是，原理图无法简单地进行校对检查，许多错误依然可以蒙混过关。设计师的校对方式是使用软件来模拟设计的功能。飞行员借助飞行模拟器可以知道特定操作的后果，模拟过程中的坠机不会造成任何经济损失。同样，设计模拟器可以检验芯片接收特定输入后的运转情况，而无须花费造芯片的开支。设计师可以重复模拟过程并修正模拟过程中发现的错误，直到排错结束。

当设计功能经受住检验，确认已然实现无误时，系统公司会将连线表发给专用集成电路公司，进入下一个流程。此时要做的是，利用软件放置标准件并连通线路（即布局布线），将连线表转化为物理版图。连线表是包含了一系列元件和连接方式的清单，其功用如同在建筑说明书中指明哪些房间通过哪几扇门打通。完成布局布线工作后，元件位置和具体的连线路由便确定下来，如同有了一幅完整的房屋设计蓝图。除了日后将依样投入生产的实际电路板，这一阶段还能获得明确的时序数据，可以知道每个信号从信号源到达打开或关闭的晶体管所要花费的时间。这些明确的时序数据将发回系统公司进行最终的模拟，以确保所有功能正常使用。

设计方案通过最终的模拟之后，系统公司才长舒一口气，着手生产原型芯片。这时，制作光掩模版需要的所有设计数据会被写入计算机磁带，因此这一过程直到现在仍被称为"投片"（又称"流片"）。

接着，专用集成电路公司做出掩模版，有了它，设计才能在晶圆厂落地。芯片生产可选用的专用集成电路技术主要有两种，门阵列式或基于标准元件。在门阵列设计中，门电路，即会实现某一功能的一组晶体管，预先制作在晶圆上，构成门阵列的"底版"，因此掩模版中只有连接图示。而采用基于标准元件的设计时，掩模版需要在空白晶圆上呈现出各层的电路图案。门阵列技术速度更快，成本更低，但缺乏灵活性。其速度快，是因为需要制造的掩模版和功能层数量更少；成本低，是因为相比其他任何单独设计成品，门阵列底版的规模化产量更高。然而，门阵列底版的尺寸相对固定，在设计完成以后往往还有许多潜在的门电路没有用上。

在几个月的时间内，工厂会造出原型芯片，将样品送回系统公司。这些芯片会被装入完整的产品系统，接受系统测试。例如，倘若芯片装入的是个人电脑上的插件板，就需要生产几块这样的板件装入电脑，来检查电脑能否正常运转。

通过这个阶段以后，系统公司会再次深呼吸，与专用集成电路公司签订合同，开始大规模生产。芯片的订购规模可能达到几千个，甚至可能以百万计。几个月以后，系统公司将收到订购的芯片，把它们嵌入自家的产品，然后发往市场。整个过程的最后一步，是由消费者在将刚刚据为己有的个人电脑或CD播放器带回家的时候完成的。

专用集成电路模式的长期影响

在基础经济原理的作用下，几乎所有半导体公司都或多或少地以某种方式采用了专用集成电路模式。半导体技术使系统公司可以完成它们中等规模的设计，而中等规模的设计千差万别。目前，技术尚无法将整套系统集成在单一芯片上。这意味着半导体公司再也无法仅靠提供基础组件芯片维持运营，因为这种芯片正大面积被专用集成电路芯片所取代。半导体公司也无法制造个人计算机、电视或CD播放器之类的整套系统，因为行业技术还达不到那样高的集成度。最后，大多数半导体公司，包括松下、富士通和英特尔，都开展了专用集成电路的业务，使市场竞争变得异常激烈。

在电子产品的发展过程中，虽然专用集成电路的业务模式填补了一块重要的细分市场，想要藉此盈利却殊为不易。系统公司拥有芯片内部构造的专业知识，因此半导体公司无法按价值定价。系统公司也了解芯片的规格,大概知道制造成本的高低。对专用集成电路公司而言,最佳盈利模式只能是承接尺寸大、难度高的芯片设计工作。完成大型芯片的物理设计,对专业技术水平的要求更高。业内领先的专用集成电路公司VLSI技术公司和LSI逻辑公司,能在期限内完成高难度的设计,收费方面自然也高出一大截。如果要建设的是摩天大楼,人们可不会去找一家只盖过平房的公司。

专用集成电路公司完成的物理设计中,极少有实现盈利的项目,人们逐渐认识到服务小众设计的利润很不划算。所有的专用集成电路公司认识到,每年真正值得承接的设计还不到100个,由此可知,围绕它们的角逐该有多么激烈。

在此期间,随着半导体技术的持续发展,在单个集成电路上也可以构建起整套系统(或实现其大部分的功能),这就是人们所称的片上系统。专用集成电路公司开始生产和销售这样的整套系统,相当于传统半导体模式中用于个人电脑和手机的芯片组,同时也不放弃既有的专用集成电路业务。这样一来,半导体公司之间开始变得雷同,在拥有多条标准产品线的同时,往往还有负责专用集成电路的产品线。

专用集成电路模式有一个重要特点,按业内说法,使用的掩模版"工具"属于专用集成电路公司。这意味着,任何设计完成后只能由其所属的专用集成电路公司负责制造芯片。即使另一家半导体公司愿意以优厚的条件承接整套设计的生产,系统公司也拿不出前一家专用集成电路公司制作的掩模版。这一点在专用集成电路模式在下一阶段转型——提供设计服务的过程中,起到了十分重要的作用。

专用集成电路的设计需要建立由全球各地设立的设计中心组成的网络系统,招募能力出众但代价不菲的设计师。客户开始表现出不太愿意为这些基础设施支付高额的费用,尤其是当他们所需的设计将用于极大规模的生产量时。虽然系统公司可以货比三家探询低价,但更换半导体供应商并非省事之举,因为新供应商的设计工作必须从头来过。

VLSI技术公司和LSI逻辑公司后来都被收购。前者被恩智浦半导体公司(NXP,当时名为飞利浦半导体)于1999年以近10亿美元的价格买入,后者告别了专用集成电路业务,更名为大规模集成电路公司(LSI Corporation),并于2013年末被安华高(Avago)以66亿美元收购。

专用集成电路模式转型为设计服务

20世纪90年代初,除了成本高企的原因,还有两项新变化也招致专用集成电路模式开始走向衰落。一是像台积电(Taiwan Semiconductor Manufacturing Company,简称TSMC)这样的代工厂出现了。二是物理设计方面的专业知识广为传播,至少有部分知识被封装在电子设计自动化行业提供的软件工具中。这些变化为系统公司提供了硅行业里的新路径,它们可以完全绕过专用集成电路公司,自行完成包括物理设计在内的整套设计,然后交给台积电这样的代工厂完成生产。这被称为"客户拥有工具"(customer-owned-tooling,简称COT),因为从概念到掩模版的整套设计都属于系统公司,而非专用集成电路公司或代工厂。代工厂的要价如果不合理,系统公司可以更换制造商,而无须重新设计芯片。

不过,"客户拥有工具"的模式也并非一帆风顺。芯片的物理设计可不是简单的活儿。许多系统公司低估了专用集成电路公司额外收费所提供的专业服务的价值,它们在脱离后者支持的情况下自行摸索完成设计的过程并不轻松。这样的结果是涌现出一批新类型的公司——设计服务公司——来响应在设计支持方面与日俱增的需求。

设计服务公司扮演的角色与专用集成电路公司类似,也是为系统公司提供专业的半导体设计技术服务。它们有时会揽下整套设计,这种设计被称为"交钥匙"设计*。但更多的时候,它们主要负责完成全部或部分的物理设计,有时需要和代工厂对接,监督制造流程,以弥补系统公司在这方面的经验不足。台湾创意电子(Global Unichip)是一家典型公司,其商业模式与

---

* 又称一站式方案,指完整并可立即使用的设计。——译者

以前的专用集成电路公司几乎完全相同,只不过自家没有晶圆厂。它与代工厂(主要是台积电)合作,来完成客户产品的制造。

　　这就是眼下专用集成电路模式的产业格局。这方面的业务量十分有限,主要由少数几家半导体公司来完成。市场上有如台湾创意电子和壹晶半导体技术公司(eSilicon)这样的设计服务公司和虚拟的专用集成电路公司,却不再有专门从事专用集成电路业务的公司。过去依靠专用集成电路实现的许多功能,如今大多通过现场可编程门阵列(field-programmable gate arrays,简称FPGA)来完成,这项技术十分重要,后面有一章单独介绍。事实上,在下一章里我们就会探讨各种FPGA。不过,首先我们会简短介绍两家公司的历史,它们是专用集成电路商业模式的开创者之一VLSI技术公司和新型设计服务公司的代表壹晶。

自述：超大规模集成电路技术公司
VLSI Technology

作为开创专用集成电路商业模式的公司之一，超大规模集成电路技术公司（VLSI Technology，以下简称 VLSI 技术公司）为整个半导体行业的发展进程奠定了基础。VLSI 技术公司目前已经不再独立运营，但本书合著者保罗·麦克莱伦在公司早期曾经加入该公司且供职多年，他将为我们讲述这家公司的历史。

1979年，VLSI 技术公司由丹·弗洛伊德（Dan Floyd）、杰克·巴勒托（Jack Baletto）和加纳·维特勒森（Gunnar Wetlesen）创立，这三人曾在半导体公司西格尼蒂克（Signetics）共事。启动资金来自横跨风险投资与银行界的汉博奎斯特（Hambrecht and Quist），以及主营仿真/图形处理业务的益世公司（Evans and Sutherland）。凭借当时的半导体技术，人们已经可以制造出关键性系统或系统部件。公司最初的商业计划是建立一家晶圆厂，为其他公司的设计生产部件。

1980年，道格·菲尔贝恩（Doug Fairbairn）成为公司第四人。他此前供职于施乐帕洛阿尔托研究中心（Xerox Palo Alto Research Center，简称 PARC），创办了一本关于超大规模集成电路设计的杂志《拉姆达》（Lambda）。他前去采访三位创始人，计划写一篇文章，却为这家新公司深深吸引。

不久，菲尔贝恩便意识到，没有新一代的设计自动化工具，晶圆厂的发展计划将无法真正实现。那个时代采用的设计工具是基于多边形的布局编辑器，但半导体技术已经发展到了一定阶段，徒手设计一切显得不再合

理。道格决定抓住机会,从研究领域转入行业实体,建立起首支开发下一代集成电路设计软件的团队。

在VLSI技术公司成立后的最初几年里,公司靠着为第一代游戏机操作板设计盒式只读存储器(Read-Only Memories,简称ROM)维持运营。每个游戏盒装有一个只读存储器,内部写入了游戏的二进制程序。圣何塞晶圆厂还未实际投产大规模制造,因此这些业务实际上外包给了日本大阪的罗姆半导体公司(Rohm)去加工。与此同时,菲尔贝恩聘请了一群博士,他们大多来自加利福尼亚理工学院卡弗·米德(Carver Mead)带领的硅结构项目组,游戏机业务的盈利也被投入到一整套设计工具的开发项目中,这套工具即我们现今所称的专用集成电路设计,不过当时还没有这个叫法。

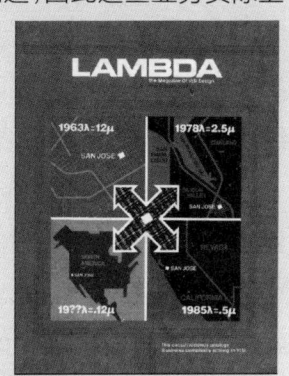

《拉姆达》杂志

VLSI技术公司在圣何塞的麦凯大道建有一座晶圆厂,那是当时附近区域里唯一的高科技建筑,周围有温室花朵种植区环绕,街的对面是菊花种植协会大厦,公司级的会议有时会在那里举行。晶圆厂最初采用的工艺是3微米高性能金属氧化物半导体(HMOS),然后是2微米和1.5微米的互补金属氧化物半导体(CMOS)。

投资者们很早就认为公司的管理团队经验不足,难以达成预期增长。于是,阿尔·斯坦(Al Stein)受聘成为公司的首席执行官。公司在1983年2月上市以后依然无法盈利,此后不久三位创始人选择离开。

公司最初的设计技术仍然主要基于加利福尼亚理工学院和帕洛阿尔托研究中心的理念,它们集中体现在米德与林恩·康韦(Lynn Conway)合著的经典之作《超大规模集成电路系统导论》(Introduction to VLSI Systems)里。这种设计技术结合了手工设计与基本电路生成器(如寄存器、加法器),采用一种名为 VIP 的内部编程语言。当时的软件工具关注的是功能检验,包括的组件有设计规则检查器、电路提取器、原理布设对照检查器(也叫 netcompare)和仿真器。仿真器部分先是无计时功能的 VSIM 仿真器,后来改为使用基于简易电容模式的计时仿真器 TSIM。

然而,设计规模日趋增大,这种技术方法处理起来不再得心应手。显然,布局工作的自动化水平有待大幅度提高,尽管这种方式不如米德与康韦的想法来得精致。公司于是开发出标准单元库和完善的布局布线系统,以弥补现有电路图绘制软件的不足。

与客户密切沟通才能做好设计工作。一开始,这意味着客户会找到公司,有好几支客户方的设计师团队就曾在公司位于圣何塞的大楼里驻点。例如,法国电信公司最早采用的公共信息网络在线服务的终端机 Minitel,其主芯片由特里克公司(Telic,如今已被阿尔卡特-朗讯公司收购)制造,后者从德国斯特拉斯堡派出设计师团队前往圣何塞,在那里驻点长达数月之久。

紧接着,公司在全球各地建立起设计中心,先是在美国,尔后是在日本与欧洲。这么做的理由是,让所有客户都跑到加利福尼亚工作现场的做法显然难以为继。

公司还在法国南部的索菲亚科技园设立了研发部,在那里着手开发设计工具和元件库,并作为技术中心支撑日渐庞大的欧洲业务。

当时,IBM 个人电脑业务处于高速增长期,VLSI 技术公司的许多客户都在为这块市场设计相应的产品,如调制解调器、外设接口卡等,或者是为制造克隆电脑* 设计芯片。事实上,VLSI 技术公司有几十家客户的产品都是面向个人电脑市场的。为了服务这些客户,公司率先

---

* 克隆电脑指个人电脑的仿制品,造价较低。——译者

建立起如今人们称为半导体知识产权的体系,当时公司称之为大型元件,后来又被称为系统功能块(简称FSB)。这其中包括了个人电脑的所有标准元件,例如通用异步接收发送设备和6845图形控制器。

20世纪80年代晚期,VLSI技术公司在设计自动化领域推出了两款重要的设计自动化产品,即数据通路编译器和状态机编译器,这两款产品具有引领性,实际上可称得上是最早一批的综合式工具。数据通路编译器采用的是公司优化的自定义库,而非标准元件,它可以理解复杂的数据通路描述语句,在晶片上快速生成完整的数据通路物理布局。状态机编译器可以理解状态机描述语句或者任何老式的逻辑语句,利用标准元件进行优化部署。这两种工具结合使用,大大降低了复杂设计的工作难度。

20世纪80年代,VLSI技术公司业务有了强劲的增长,但从未获得充足的现金流投资改进工艺技术,建设下一代晶圆厂。公司还有过几次错误的开拓,在进入静态存储市场后选择退出,原本计划与合作伙伴建设马来西亚晶圆厂而后中途放弃,与飞利浦半导体公司建立的工艺技术授权合作关系也从未派上用场。

20世纪80年代末,公司与日立建立起战略合作伙伴关系,按照约定,日立获得了VLSI设计工具的使用权,同时为VLSI技术公司提供1微米加工技术的授权,并提供大笔的现金投资。这意味着公司可以在位于得克萨斯州圣安东尼奥的第二座晶圆厂采用富有竞争力的1微米技术。最后,公司的两座晶圆厂都将晶圆从5英寸升级到了8英寸。

芯片组的发展

VLSI技术公司当时已经为个人电脑领域开发出几种大型元件的IP。由五名工程师组成的一个小组在某个周末开展了试验,要将这些大型元件整合到几块芯片上去。这就是第一套个人电脑芯片组,只要再加上英特尔微处理器和内存就能构造出一台完整的电脑。公司往这个方向紧追不舍，在专用集成电路的主营业务之外，个人电脑芯片组标准产品的业务也规模庞大。

个人电脑芯片组的业务大获成功，VLSI技术公司在20世纪90年代早期统领市场，其中有一代芯片组产品甚至被英特尔转卖。然而情况十分明显，由于来自亚洲的竞争，芯片组业务的利润不久就会走低，最后市场很可能会为英特尔所占有，因为它能够密切贴合其下一代的微处理器不断开发出新功能。公司决定，投资为刚起步的全球移动通信系统（简称GSM）蜂窝标准开发系统性技术，同时进军其他利润丰厚的终端市场，如数字视频。

与此同时，苹果公司在1987年决定打造"牛顿"掌上电脑*，他们选择了艾康公司（Acorn）的精简指令集计算机处理器，并坚持将该业务剥离，单独成立一家公司。就这样，安谋公司（ARM）随即诞生，股东是苹果、奥利维蒂（Olivetti，当时拥有艾康公司）和VLSI技术公司。VLSI技术公司提供了设计处理器的所有工具，一开始还负责制造一些部件。本书后面还对安谋公司其后的发展做了更详细的介绍。

与此同时，第二代（数字化）GSM市场出现爆炸性增长。一些欧洲公司在手机生产商中脱颖而出，尤其是诺基亚和爱立信，爱立信一度占据了VLSI技术公司40%的业务。VLSI技术公司开始大力投资法国分部，自行开发GSM基带芯片。他们将这一块划入芯片组业务，主要面向缺乏系统技术、无法自行开发GSM基带芯片的第二梯队制造厂商。后来，公司从高通获得CDMA码分多址无线技术的授权，建立起码分多址产品线，主要服务美国市场。通信市场业务量在公司半导体业务中占过半的份额，业务性质介乎标准产品和大规模专用集成电路

---

* Apple Newton是世界上第一款掌上电脑，由苹果公司于1993年开始制造，但是因为在市场上找不到定位、需求量低而停止发展，1997年停止生产。——译者

业务之间,主要服务爱立信。

到1991年,VLSI技术公司的内部实际已经分化出两家各自为政的公司。一家是电子设计自动化公司,拥有市场上最强大的超大规模集成电路设计工具;另一家是专用集成电路/专用标准产品公司,有众多设计中心构成的网络和两家晶圆厂。1991年,设计工具业务从公司剥离,成立了新公司康帕斯(Compass Design Automation)。这让VLSI技术公司继续专注于经营半导体业务,而康帕斯成为其电子设计自动化的供应商之一。

康帕斯竭力摆脱它身上VLSI技术公司附属公司的标签,其结果是仅有少数几家半导体公司完全对其开放它们的专用集成电路元件库。但康帕斯也拥有自家的元件库,是在起初开展VLSI技术公司的专用集成电路业务时形成的。在元件库业务中,康帕斯制订出几乎适用于所有晶圆厂的标准化设计规则(被称为Passport),包含各种标准元件、内存编译器、数据通路编译器和其他基础性知识产权模块。此举大获成功,元件库在康帕斯的业务总额中占比约为30%。

康帕斯的营业额增长至6000万美元左右,却从未盈利。它拥有一套完整的集成化设计工具,但在当时,大型电子设计自动化公司通过兼并方式成长起来后,在市场上向客户灌输应该选择各种一流的工具,然后在内部的计算机辅助设计部门将工具整合起来使用。康帕斯不合乎这种潮流,尽管VSLI技术公司设计的全部专用集成电路和标准产品使用的都是康帕斯的专用集成电路和标准产品,后者在人们眼里始终算不上是前沿产品。许多计算机辅助设计小组不愿意在康帕斯的基础上标准化,恐怕有部分原因在于这会大大减少他们的设计工具用于整合工作。

1997年,阿凡提公司(Avant!)以4400万美元收购了康帕斯,主要寄望于利用后者的元件库来补足自家的软件业务。当然,阿凡提后来在2001年又被新思科技公司以8.3亿美元的价格收购。与元件库开发相对的软件业务当时主要在法国开展,铿腾公司聘用了整个法国团队,许多工程师如今仍在那里工作。元件库业务主要位于加利福尼亚,并入到阿凡提公司中。

VLSI技术公司的半导体业务,包括专用集成电路和专用标准产品,经过20世纪90年代的持续增长后,营业额达到约6亿美元。公司专注于无线通信、数字视频、电脑图像处理以及多样化的细分市场专用集成电路业务。

1999年,飞利浦半导体公司(如今称为恩智浦半导体公司)提出恶意收购VLSI技术公司。此前,飞利浦一直竭力将最新的工艺与市场所需的元件库快速投向市场,但随着专用集成电路业务的客户导向日益明晰,极短的产品生命周期也成了一项不容忽视的业务挑战。VLSI技术公司以专用集成电路为生命线,能快速推动产品设计跟随工艺的改进更新换代。飞利浦认为收购VLSI技术公司不仅能重组业务流程,还能获得多个先进的设计中心,这些设计中心当时已改名为技术中心。一番谈判后,VLSI技术公司以不到10亿美元的价格被飞利浦半导体公司收购,不再是独立运营的公司。

自述：壹晶
eSilicon Corporation

壹晶公司率先致力于将半导体行业向无厂化发展的益处带给更多客户，推向更广阔的市场。人们普遍认为，是壹晶开创了无厂化专用集成电路的业务模式。本篇将讲述壹晶的某些历史故事，并从它的角度来观察处于不断变化之中的无厂化商业模式。

壹晶公司成立于2000年，由创始人杰克·哈丁（Jack Harding）担任首席执行官，来自交点投资合营公司（Crosspoint Venture Partners）的赛斯·奈曼（Seth Neiman）是它的首位风险投资者，也是外部董事。两人如今仍旧管理着公司业务，哈丁继续担任首席执行官，奈曼现在是董事会主席。

哈丁与奈曼对公司的发展作用重大，他们能力互补，切实地帮助公司渡过了一些极具挑战的时期。创立壹晶之前，哈丁在当时业界最大的电子设计自动化供应商铿腾电子科技公司担任董事长兼首席执行官。他原本在库博查恩公司（Cooper and Chyan Technology）担任首席执行官，库博查恩被铿腾收购后，他便开始领导铿腾。加入库博查恩前，他在泽易公司（Zycad Corporation）担任执行副总裁，这是一家专业从事电子设计自动化的硬件供应商。而哈丁的职业生涯，始于国际商用机器公司（IBM）。

赛斯·奈曼是交点公司的共同管理合伙人，自1994年起一直活跃于投资领域，投资对象包括博科（Brocade）、格罗方德（Global Foundry）、瞻博（Juniper）、艾维斯（Avanex）等。加入交点前，奈曼在多家成功的创业公司担任过工程和战略产品方面的主管，包括达尔格伦控制系统公司（Dahlgren Control Systems）、柯亚特公司

（Coactive Computing）和太阳微系统公司（Sun Microsystems）先验性操作系统分部。奈曼是壹晶的主要投资者，在半导体行业更新世的开端与杰克共同培育了公司。

成立之初

壹晶最初的规划是要搭建起一个在线平台，使得遍布全球的无厂化半导体供应商能够与期望重组自身业务的最终客户开展合作。公司的计划很简捷，将半导体供应商与客户聚在一起，利用覆盖全球的互联网创造一个便利的市场，客户可于其中在线配置供应链。这样做可以简化对复杂技术的访问，降低复杂设计决策的相关风险。

许多无厂式企业一直对这些问题感到头疼，为了制造一款新型的定制芯片，它们可能需要花费数周乃至数月制订出完整的计划。裸片尺寸和成本的估算十分困难，可选技术种类多样又不免让人眼花缭乱，与供应链企业的合同签订需要多轮往复不说，往往还要由律师团队来完成收尾工作。

最初的规划简单而美好，市场已是千呼万唤，然而实施起来却一点也不简单。壹晶创立的初期，公司战略因为以下这两件事而作出调整。首先，公司经过深入研究之后发现，要创造真正自动化的市场环境，技术方案的实现难度极高。公司创立伊始便招募组建了一支才华横溢的成员团队，他们原本在贝尔实验室从事研发工作，对半导体设计的方方面面都有广泛的了解。正是基于团队人员的细致分析，公司才对摆在面前的挑战有了更加深刻的了解。

其次，公司创立后不久，世界各地的互联网经济出现衰退。互联网泡沫"破裂"使许多公司陷入一片混乱。对壹晶而言，这意味着即使能够解决眼前的重大技术难题，想仍然凭借原先的规划盈利也会是困难重重。结果，最初的许多规划都被束之高阁。eSilicon中的"e"（意为

"互联网化")只好等待有朝一日了。然而，过渡期并非一无可取。商业流程自动化和全球供应链合作体系催生出了独一无二的信息骨干体系，如今依然在公司里发挥着作用。后文对此将做进一步的阐释。

无厂化专用集成电路模式

日益严峻的技术挑战加上目标市场的经济衰落，击垮了许多公司，壹晶却完全是另一番景象。凭借强大的早期团队、深谋远虑的领导层，再加上一点点运气，公司成功转入崭新的主流商业模式。人们一开始就心知肚明，重组全球半导体产业链需要具备各方面的能力。设计能力自然必不可少，后端的生产技术也十分关键。想要打造完整的解决方案，包装设计、测试程序开发、早期原型校验、爬坡量产*、成品率优化、寿命试验和故障分析技术缺一不可。此外，公司还要与供应链各方建立联系，这需要拥有独特关系网络的特殊人才。

壹晶悉数具备这些能力，并将它们整合。凭借精湛深入的专业技术和广泛铺展的供应链网络，公司成为践行无厂化专用集成电路模式的先行者。这种模式说起来很简单。公司仍然提供如LSI逻辑公司那种从设计到生产，传统的专用集成电路的整套服务，不过，它利用了全球供应链资源进行外包。客户不再受限于专用集成电路供应商所拥晶圆厂的产能，也不再受限于其一家的元件库和设计方法。

反过来，公司可以对供应链进行最优化配置，以满足客户需求。壹晶凭借设计生产能力和供应链网络，交付最终的芯片产品。公司获得的规模采购杠杆效应，加上每天解决设计前沿产品和生产问题积累下的大量经验，为客户创造了一流的服务体验。

2000年秋季壹晶成立之时，半导体市场刚开始出现无厂化专用集

---

* 爬坡量产，指新产品由小批量生产转至大规模生产的过程。——译者

成电路的业务。市场研究公司顾能迪讯(Gartner/Dataquest)开始关注这一逐渐成长起来的新领域。许多成立不久的无厂化专用集成电路公司紧随其后。Antara.net网站成为壹晶的首家客户。壹晶生产了一种定制化芯片,它可以模拟真实环境下产生的网络流量,供电子商务网站在上线运营之前进行压力测试使用。当时的工艺节点* 处于180~130纳米范围,从2000年创立到2004年,壹晶共推出37种设计方案进入投片生产环节,并将超过1400万枚芯片交付给了客户。

因为专用集成电路大家都不陌生,无厂化专用集成电路可说是中规中矩地描述出了新商业模式的特点,但这个称呼也存在不足。这种服务外包的管理模式适用于不同的芯片项目,无论是标准化芯片还是定制芯片。因此,壹晶提出了"垂直服务提供商"的表达,并于2000年在设计自动化大会上首次公开亮相时使用了该词。

这一模式获得了成功。创业初期,壹晶为苹果公司开发的音乐播放器iPod供应系统芯片,因之声名鹊起。壹晶还为图维尔公司(2Wire)提供芯片,这是一家为美国电话电报公司(AT&T)等运营商提供住宅网关及相关服务的公司。然而,壹晶脱颖而出不仅因为它为"摇滚明星"提供芯片,公司最初抱有的某些电子商务方面的设想后来都成为现实。

公司早年的时候推出了一套半成品管理和物流追踪系统,名为eSilicon Access®。在2004年至2010年间,公司凭借这项技术获得了4项专利。eSilicon Access首次将全球供应链摆在客户面前的计算机桌面上,利用这一系统,所有客户都能获得订单的生产流程状态,还能在状态变动时收到提示信息。如今,壹晶仍在利用这项技术实现

---

* 工艺节点泛指在集成电路加工过程中的"特征尺寸",这个尺寸越小,表示工艺水平越高,常见的有90纳米、65纳米、45纳米、32纳米、22纳米等。——译者

内部业务运作的自动化。

推动业务增长

2005年至2009年是公司的第二个发展期,有135种设计方案完成投片,3000万枚芯片交付客户。当时的技术节点范围已经从90纳米下降到40纳米。正是在这一时期,公司业务开始往国外扩张。通过收购赛康设计公司(Sycon Design, Inc.),壹晶在罗马尼亚布加勒斯特建立了设计中心。此后不久,公司又在中国上海建立起制造运营中心。

意识到外包模式逐渐深入人心后,壹晶拓展了垂直服务模式,新加入了半导体制造服务模式(Semiconductor Manufacturing Services,简称SMS)。这种半导体制造服务模式使得无厂化公司或代工企业可以将现有芯片的生产管理或新型芯片的爬坡量产及管理工作交给壹晶。传统专用集成电路业务模式中的设计移交如今扩展到制造移交。半导体制造服务模式的好处在于,客户既能降低日常开销成本,也可集中更多的资源去开发更先进的产品。

半导体制造服务模式之类的扩展业务丰富了垂直服务模式的内容,催生出价值链制造者模式(Value Chain Producer,简称VCP)。全球半导体联盟(Global Semiconductor Alliance,简称GSA)意识到这种新模式的重要性,选举杰克·哈丁加入理事会,作为行业中无厂化价值链制造者模式的代表。

此后直到如今,壹晶的业务大幅增长,完成投片的设计方案目前接近300项,交付客户的芯片也即将达到2亿枚。公司还将业务扩展到半导体知识产权模块领域。壹晶同时也认识到,对公司业绩而言,在全球范围内与第三方的半导体知识产权模块建立合作关系固然重要,但提供具有

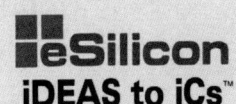

壹晶公司的第一个图标,方块象征着最终产品——芯片

针对性、目标对象明确的知识产权模块将极大程度地提升客户体验。

如今,许多尖端芯片的设计中都含有大量的板上存储器,壹晶便选取了这个领域作为知识产权业务的首个关注点。它收购了芯片设计方案公司(Silicon Design Solutions),这是一家定制式的存储器知识产权提供商,在越南胡志明市和岘港设有运营机构。此次收购带来了150名工程师,专门为壹晶的客户提供定制化存储器的解决方案。

自2013年6月30日起,壹晶在全球范围内招募了420名全职员工,其中工程人员超过350人。公司总部位于加利福尼亚圣何塞,在新泽西州新普罗维登斯、宾夕法尼亚州阿伦敦、中国上海、韩国首尔、罗马尼亚布加勒斯特、新加坡、越南胡志明市和岘港均设有运营机构。公司拥有种类多样的全球客户群,包括无厂化半导体公司、集成设备制造商、原始设备制造商和晶圆代工厂,既有内部销售团队,也借助各地的业务代表机构开展销售。

模式的演变

壹晶的商业模式继续发展和演变。垂直服务提供商和价值链制造者模式如今发展为半导体设计制造服务(Semiconductor Design and Manufacturing Services,简称SDMS)。这个名字极度冗长,却相当一目了然。这些年里,有不计其数的公司从壹晶引领的无厂化半导体模式中获益,完成了许多凭借它们一己之力难以做到的工作。

壹晶起步时靠的是帮助许多小公司实现全球供应链的触手可及,而这一模式的顺利发展还让它另有收获。如今,一些客户的规模远远超过壹晶,一些客户能够提供"壹晶的所有业务"。公司在建立初期没怎么指望能获得大企业的订单,这些大企业的规模有时足以"容纳一家壹晶"。

时间证明,早期的这一想法太过狭隘。如今,壹晶的许多客户显然都能在公司内部设立起类似"壹晶"的职能部门,却仍旧依赖壹晶为它们造芯片。原因何在? 简单说,是机会成本。历史一再证明,任何企业的制胜之道都是专注于发展自身的核心竞争力,为此持续性地投资。其他的职能都应该以最可靠、最划算的方式外包出去。简而言之,壹晶的核心竞争力恰好能满足许多机构的外包需求,成为它们的上佳之选。这一趋势为无厂化半导体行业创造出新价值,产生了许多新的设计思路。

壹晶现在使用的标志。三个"S"造型象征其工艺与文化上的追求:速度(Speed)、简约(Simplicity)以及自信(Self-confidence)

下一步?

无厂化模式不断发展,又逐渐出现了新的景象。早期,利用互联网推动无厂化技术服务的普及、降低企业风险的想法在大多数时候无人问津。其背后的原因,有解决设计制造难题需要面对种种挑战的因素,而且那时在网络上还没有形成明晰的交付机制。

如今,这些因素都在发生着改变,互联网已经成为广泛采取的企业间形形色色复杂解决方案的交付工具。壹晶的工程师团队能力出众,开发出可靠的云服务平台,每天自动化处理公司内部的设计和制造运营步骤。团队的许多成员早年还曾经突出强调这些问题带来的挑战,认为它们难以解决。在十年的时间里,变化何其巨大。

倘若最终用户能够简便直观地接触这种自动化环境,又会发生什么呢? 壹晶的新举措正在引领公司朝这个方向发展。公司最近宣布推出的易用型多项目晶圆报价系统即为一例。过去,多轮询价和协议审核工作可能需要两周以上的时间,如今借助Access的附加功能,五分钟内即可完成。客户可通过电脑和智能手机进行操作,这显然是打开一种新局面的开端。壹晶于2000年引入的无厂化专用集成电路模式，改变了无厂化在行业生态布局中的位置。如今是时候再度出发，把eSilicon的"e"带给世界了。

第三章
现场可编程门阵列

20世纪70年代，一种新型的电子元件诞生了，它就是可编程逻辑器件（Programmable Logic Device，简称PLD）。此前，电子系统一般由晶体管-晶体管逻辑电路（Transistor-Transistor Logic，TTL）这样的集成电路构成，生产商是像摩托罗拉、德州仪器和IBM这样的半导体公司。TTL集成电路属于小型芯片，内嵌着少量的基础逻辑运算元件，并配有16~20个引脚与其他器件互联。想要开发出一套系统，如电脑或计算器，就得将几十或数百个这样的小型集成电路拼接到板件上，可能还得加上一些存储芯片，还有微处理器或微控制器。

这些早期的TTL逻辑芯片由双极结晶体管制成，后来逐渐被一种基于金属氧化物半导体（Metal Oxide Semiconductor，MOS）的新技术所取代。金属氧化物半导体技术又发展成为互补金属氧化物半导体（Complementary Metal Oxide Semiconductor，CMOS）技术。由于性能提升、功耗下降，人们以CMOS为基础设计出今天常见的各种集成电路。这让CMOS成为专用集成电路的标准技术，人们能够运用它设计更大型的微处理器和其他标准元件，如显示控制器、通用异步收发设备（UART，当时的串行接口）。与TTL不同的是，专用集成电路还集成了全部的"胶连"逻辑，正是这少量的逻辑单元实现了标准元件之间的互连。

基于CMOS的专用集成电路很适合大批量产出的产品，如个人计算机，因为半导体产品的经济原理决定了产量越高单位成本越低。厂家必须卖出大量的专用集成电路，才能收回设计和制造环节产生的高额固定成本。然而,对于只需少量元件或集成度过低的应用场景,这类专用集成电路就不怎么适用了。

对这些场景,半导体公司改用可编程逻辑器件。与功能固定的逻辑门电路不同的是,这种器件基本处于白板状态,可通过编程实现或繁或简的功能。有了PLD技术,半导体公司可以生产大量的集成电路实现规模经济,然后由系统公司通过自定义编程开发出各种产品。这一技术存在许多变种,包括可编程阵列逻辑(PAL)、现场可编程逻辑阵列(FPLA)、通用阵列逻辑(GAL)以及复杂的可编程逻辑元件。本章重点关注的是现场可编程门阵列(FPGA),因为它是迄今最成功又最具影响力的可编程元件。

可编程逻辑器件向现场可编程门阵列的演变

最初的可编程逻辑器件于20世纪70年代初开始见于市场,当时由摩托罗拉、德州仪器、通用电气和国家半导体公司推出的器件数量十分有限。存在的主要技术限制是缺少触发器,这种器件拥有双稳态,可用于存储状态信息。早期的可编程逻辑器件包含微型的用于功能配置的可编程存储器。这种存储器,要么是可编程只读存储器(Programmable Read-Only Memory,简称PROM),仅支持单次编程;要么是可擦可编程只读存储器(Erasable Programmable Read-Only Memory,简称EPROM),可通过紫外线擦除原有程序,实现多次编程(元件上为此开有微小的石英窗口)。

虽然可编程逻辑器件在20世纪70年代持续发展,但门阵列技术却显得更为重要。我们在讲解专用集成电路的章节中简单提到了门阵列,即在晶圆上预先印制大量晶体管,后期仅需加入电路就可实现目标功能。制造门电路的部分常被称为前端工序(front-end-of-line,简称FEOL),耗时最长;用金属连通电路则耗时较短,被称为后端工序(back-end-of-line,简称BEOL)。

可编程电路在1984年获得飞跃式发展,那一年赛灵思公司成立,他们想到可以将可编程逻辑器件与门阵列结合起来,成为后来被称为现场可编程门阵列的技术。这些芯片包含空置的逻辑单元,往存储器上加载指令后可实现所需的功能。这样一来,设备可根据应用需求快速地编程,大大缩短上市时间。

FPGA使用CMOS技术,相比原先可编程逻辑器件使用的双极结晶体管技术更为先进,因此能在小规模应用场合与专用集成电路一争高下。虽然FPGA较专用集成电路速度慢,价格高,功耗大,但专用集成电路在固定成本和上市时间方面存在劣势。

用于编程的种种设计自动化工具推动着FPGA实现了快速发展,程序员们使用工具足以获得与专用集成电路设计师相当的经验,最初是基于目标功能的原理图,后来则使用寄存器传输语言,如Verilog和VHDL。为预期功能找到需要设置的存储位,在过去一直是项复杂的工作,如今已完全实现自动化。

和可编程逻辑器件一样,FPGA是大规模生产出的同类组件,由系统制造商承担其后的配置工作。存储器(PROM或EPROM)往往是一块独立芯片,每次系统初次通电后,数据会从存储器传输到FPGA进行功能配置。

FPGA如何推动无厂化业务模式

赛灵思是第一家专注于FPGA市场深耕细作的公司,如今依然保持着市场领军地位,过去也走在发展无厂化半导体商业模式的前列。当时,大多数半导体公司都审时度势,选择建设晶圆厂,赛灵思却在借助自身与日本精工爱普生公司(Seiko Epson)半导体部门建立的个人关系。第一块赛灵思FPGA芯片于1985年出厂,采用成熟的1.2微米制造工艺。它的运行频率为18MHz,相当于1000个门电路,即能实现1000个门电路的功能,虽然实际上其搭载有近20 000个门电路。

赛灵思自家没有晶圆厂,便委托其他半导体公司代工生产它的FPGA。赛灵思与多家制造商签有合同,这一方面降低供货风险,也为价格谈判引入竞争。接下来在1995年,两家主要的纯晶圆代工厂联华电子(UMC)和台积电开业了。赛灵思将它所有的新产品交由联华电子代工,这成为两家公司长期合作的起点。

事实证明，FPGA不仅是代工厂的一门好生意，也对代工厂爬坡式适应新的制造工艺发挥了重要作用。在使用新工艺的初期，代工厂要求设计达到高度的规范化，这样它们就可以采用统计学方法提高成品率。这项工作一度靠存储器完成，如今则使用FPGA。如果一块FPGA芯片上拥有10 000个相同的部件结构，在制造流程中找出系统故障就相对容易。相比之下，从工艺角度看专用集成电路则充满变数。

赛灵思和联华电子开了"集成设备制造虚拟合作关系"的先河，无厂化公司可以全面了解工艺技术，积极参与研发流程。两家公司携起手来，共同开发工艺技术，制造测试芯片等。事实上，在联华电子公司的一幢大楼里，赛灵思员工占据了满满一层的座席。有了一项新技术，往往成为FPGA最先投入量产的部分。

两家公司的长期合作于2010年结束，赛灵思转而与联华电子的对头台积电结盟，以获得应对28纳米工艺节点的能力。有传言说，合作终止是因为65纳米芯片的产品不良率和40纳米芯片的交付滞后，导致赛灵思的主要竞争对手阿尔特拉公司（Altera）拿下了大量市场份额。将生产转移至台积电后，赛灵思在28纳米和20纳米的技术节点上打败了阿尔特拉，迫使阿尔特拉将14纳米产品交由英特尔代工。

FPGA的应用场景

早期的FPGA主要用作"胶连"逻辑，是设计中用在如微处理器、存储器等大型芯片外部的门电路。随着FPGA逐步发展，它们开始应用于需适应经常性变化的设计方案，例如技术标准变化迅速的网络通信领域。在这些领域中，人们不希望等到标准完全敲定后才开始设计芯片。设计师也可以利用软件实现技术标准，但由于硬件仍然比软件的性能表现更出色（以路由器的吞吐量为例），FPGA依然是更好的选择。

例如，设计和销售网络设备的思科公司通常使用FPGA，只有性能最强的路由器除外。随着FPGA技术不断进步，容积扩大，单一芯片就足以容纳整套系统或子系统。这意味着需要在FPGA上加入处理器。实现这一点有两种方式。在FPGA芯片中加入一个或多个ARM或PowerPC处理器作为硬核，或者加入FPGA公司自行设计的基于FPGA架构的处理器，如阿尔特拉公司的Nios处理器。

如今，FPGA是小规模系统的最佳实现媒介方式。除了用于大规模设计时成本较高，FPGA最大的缺点就是耗能大。这样就不适用于许多移动设备，因为它会使电池使用寿命短到令人难以接受的地步。但对"有绳"系统而言，FPGA的灵活性和前期低投入的确十分诱人。

高端FPGA的另一种应用是片上系统的原型开发，但因其价格过于昂贵，不适用于消费类产品。FPGA广泛用于模拟和硬件加速仿真产品，这些产品都需要对硬件进行调整以适应目标设计。FPGA十分适合此类应用，因为单纯利用软件模拟进行片上系统的测试耗时过长。在FPGA上开发系统的早期原型版本用于测试，速度上显著加快。FPGA的速度虽然远远低于实际芯片，却远远高于软件。因此，FPGA之上可以加载运行软件、引导操作系统。随着越来越多的系统涉及软硬件的复杂对接，FPGA作为测试原型的应用必将日渐走俏。

FPGA需要设计自动化和知识产权

专用集成电路开发使用的电子设计自动化工具大多由第三方公司提供，而FPGA设计所需的软件主要是由供应商自行开发。原因有几个方面，其中包括物理设计工具需要根据底层架构进行定制。FPGA的布局布线工具在底层编码方面和专用集成电路工具截然不同。

许多电子设计自动化公司早期都曾试图为FPGA开发设计软件，但随着市场被赛灵思和阿尔特拉统治，且两家公司又使用自家软件，使得开发工作变得无利可图。另外，设计师愿意为FPGA工具支付的价格也比集成电路低了一个数量级，其结果是，电子设计自动化行业大多略过了FPGA这块市场。

一个小例外是为高端FPGA开发的综合分析和布局规划工具，开发商是明导和辛普利（Synplicity，2008年被新思科技收购）等公司。然而市场规模一直很小，因为高端应用假以时日总会成为主流，而FPGA供应商提供的免费工具已经"够用"。

和其他半导体领域一样，FPGA如今也有了知识产权模块。渐渐地，开发大型片上系统经常涉及组装预先设计的知识产权模块，而非开发出全新的方案。随着系统日益依赖软件，FPGA的角色转变为一台定制化的计算机，包含一枚处理器和若干外围设备，可能还有一些加速器作为"秘制调料"掺杂其中。直到最近，为FPGA提供知识产权模块才变得有利可图，因此除某些处理器外，大多数模块都由供应商自行开发创建。

FPGA领域中最先开始使用知识产权时，知识产权模块相对简单。当时，为FPGA开发的大多数设计软件和知识产权模块都由供应商直接提供。目前，FPGA设计工具仍主要由供应商提供，第三方提供这些工具并没有多大的经济价值。

运用知识产权模块的FPGA，则完全是讲述着另一个故事。随着FPGA尺寸扩大，可以加载的知识产权模块也日益复杂，从中规模集成电路到子系统模块，包括有以太网媒体访问控制器、总线和接口标准接口模块、同步动态随机存储器（SDRAM）和与非型闪存控制器、视频和网络数据包处理器、电机控制器甚至整个微处理器。

两大FPGA供应商直接根据产品硬件架构定制微处理器知识产权模块，但在网络、视频、图像处理、图形、电机控制和其他复杂的功能领域里，它们依赖第三方提供定制模块的程度日益加大。在FPGA设计工具和逻辑综合分析工具中，为FPGA定制的第三方模块随处可见，正如需要使用专用集成电路和片上系统的EDA工具去设计芯片。因此，第三方公司开发FPGA定制的知识产权模块正成为发展壮大的产业。

FPGA的未来

FPGA领域的创新仍在继续。2011年,赛灵思公司首次采用硅通孔(through-silicon vias,简称TSVs)技术制造三维芯片。这实际上应该称作2.5维,因为许多裸片堆叠在硅基片上,后者被称为中介层。真正的三维芯片应该是所有裸片直接依次堆叠,组成一个裸片包整体。硅通孔技术正如其字面含义,用金属(往往是铜)作引线,从芯片顶部穿过整个晶圆到达底部与中介层相连。率先将2.5维设计投入量产的,就是赛灵思。

2012年,FPGA业务的产值约45亿美元。赛灵思占据的市场份额约为50%,达到22亿美元。阿尔特拉紧随其后,为18亿美元。爱特公司[Actel,如今属于美高森美公司(Microsemi)]和莱迪思公司(Lattice,产值3亿美元)同样是不可小觑的供应商。

过去,许多创业者曾试图建立FPGA公司,与赛灵思和阿尔特拉展开竞争。创业者面临的一大障碍是他们很容易惹出专利侵权。仅赛灵思一家公司就拥有FPGA和相关领域的2500项专利。另一项挑战则在于,要想提升竞争力就必须取得尖端的加工技术。赛灵思和阿尔特拉与代工厂有着极为深厚的联系,往往比任何创业公司领先一整个工艺节点。

然而,两家小有名气的FPGA创业公司,阿克洛尼丝(Achronix)和塔布拉(Tabula),获得了英特尔的投资,很大程度上解决了"获得尖端工艺技术"的难题。英特尔将为这两家公司生产22纳米的产品,它们也将因此成为英特尔新推出代工业务的首批客户。

自述：赛灵思
Xilinx

作为最先开始设计和销售FPGA产品，并仍然保持着业界最大规模的公司，赛灵思的历史记载着它的创新过程，包括它对新产品的反复试验，面向新市场的反复探索。本篇中，赛灵思战略营销总监史蒂夫·莱布森（Steve Leibson）将从技术和商业的角度，解析公司在FPGA产品的发展过程中所扮演的角色。

工程师罗斯·弗里曼（Ross Freeman）20世纪80年代初在微处理器领军企业智陆（Zilog）工作时，设想出一种可重复编程的新型逻辑电路。用上它，一块芯片就能满足所有客户对专用集成电路的需求。当时有数十甚至数百家专用集成电路公司在为成千上万的客户设计定制化芯片。然而，专用集成电路的设计制造需要好几个月的时间才能完成。弗里曼的创想将使得定制化集成电路的开发制造时间缩短到一天以内，这又恰巧起到了加速半导体行业向无厂化新篇章发展的作用。

弗里曼于1969年获得密歇根州立大学物理学士学位，1971年获得伊利诺伊大学的硕士学位。他曾在维和部队工作，有两年时间在加纳教授数学。回到美国后，弗里曼加入电传打字机公司（Teletype Corporation），设计出一种p型金属氧化物半导体（p-type metal-oxide semiconductor，简称PMOS）芯片。就当时的大型集成电路芯片而言，PMOS计算器芯片利润高、产

罗斯·弗里曼，FPGA发明者

量大，因为它是最容易生产的一种金属氧化物半导体，成为加工技术方面的首选，因此价格也最便宜。弗里曼成为第一批加入微处理器创业公司智陆的工程师之一，设计出智陆Z80-SIO（串口）的外围芯片。

30岁刚出头，弗里曼已成为智陆零部件分部的工程总监。在智陆工作期间，他首次设想出一种全新的硬件可编程设备，并为之注册了几项专利。然而，智陆对这一概念并不感兴趣，弗里曼于是离开公司进一步钻研新创想，他工作的结果便是现在众所周知的FPGA。

虽然弗里曼尚未完成新设备的具体硬件设计，但这一引人瞩目的发明却足以说服智陆的前同事吉姆·巴内特（Jim Barnett）一同加入。两人随后着手招募他们此前在智陆的上司、经验丰富的执行官伯尼·冯德施密特（Bernie Vonderschmitt），来担任FPGA创业公司的首席执行官。

在美国无线电公司学到的半导体商业课

加入智陆前，冯德施密特在美国无线电公司工作了30多年。公司的传奇领导人戴维·萨尔诺夫（David Sarnoff）于1953年指名要他领导彩色电视的开发工作。虽然对手哥伦比亚广播公司已经获得美国联邦通信委员会的许可，但萨尔诺夫还是决心抢在大规模商业运作前，取代它所采用的基于机械旋转色轮的彩色电视系统。

经过18个月锲而不舍的项目攻关，冯德施密特在无线电公司带领团队开发出NTSC（国家电视标准委员会）制传输标准。和哥伦比亚广播公司采用的系统不同的是，NTSC标准反向兼容当时的黑白广播电视信号标准。虽然工程师们常将这一标准称为"变调的彩色"（Never The Same Color），NTSC广播标准在美国仍然被应用长达半个世纪，直到2009年才被数字高清电视（digital HDTV）和ATST（美国高级电视业务顾问委员会）广播标准取代。

部分是由于成功领导了NTSC彩色电视项目,冯德施密特最终成为美国无线电公司固态电子产品分部的副总裁兼总经理。美国无线电公司已经开发出多种用于自家电视机、广播设备和计算机的半导体产品。20世纪50年代末,公司终于等到了成为商业化半导体供应商的一天,也因为这一天的晚到,错过了第一波集成电路的生产浪潮,没能在早期的双极型集成电路市场成为像仙童公司那样的主力,而美国无线电公司当时专注的领域是金属氧化物半导体型的集成电路。

20世纪60年代初期至中期,无线电公司的戴维·萨尔诺夫研究中心开发了一种方法,可将P沟道和N沟道晶体管置于同一芯片上。研发人员在1963年和1964年宣布方案可行后,于60年代末打造出COSMOS[美国无线电公司为"互补对称金属氧化物半导体"(complementary symmetry metal oxide semiconductor)注册的商标名,人们一般称其为CMOS]集成电路产品线。不久后,冯德施密特于1972年成为固态电子产品分部的负责人。当时,日本精工株式会社找到美国无线电公司,希望获得低功耗半导体加工技术的授权,以推动其手表业务跳跃式发展。正是在那时,冯德施密特首次接触了日本精工。

精工爱普生公司源于诹访精工舍(Suwa Seikosha),这是日本精工集团旗下的一家制造公司。精工集团的前身是服部金太郎公司(K. Hattori & Company),后者成立于1881年,是一家主营钟表进出口业务的贸易公司。诹访精工舍是公司的制造分部,主要生产男士手表。精工集团预见到机械手表将逐渐让位于电子手表,希望能把握先机,引领这种变化。冯德施密特将美国无线电公司的CMOS工艺技术授权给了精工集团。1973年,精工开始生产配备液晶显示屏的数字手表,使用的是精工自有的CMOS手表芯片。

冯德施密特在担任固态电子产品分部负责人期间,清楚地看到半导体制造行业对资本的渴求。他管理集成电路开发和生产业务,监管着公司的三所半导体晶圆厂。担任负责人时,为将实验室里孵育的集成电路加工技术大规模应用到生产中,冯德施密特要从母公司获取资金,但常常并不顺利。

无线电公司成为综合业务大公司后,处境变得更为艰难。戴维·萨尔诺夫之子罗伯特·萨尔诺夫(Robert Sarnoff)于1970年继任,无线电公司于1971年宣布撤销通用计算机系统分部,标志着公司首次远离技术,并开始进入综合业务的运营阶段。制造集成电路从来都不是公司的主营业务,生产电视机和广播设备、拍摄电视节目、录制黑胶唱片才是。这一时期,无线电公司收购了赫兹公司(租车业务)、班吉特公司(冷冻食品业务)、柯罗奈公司(地毯业务)、兰登书屋(出版业务)和吉布森公司(贺卡业务)。结果,这些业务和种种兼并收购活动占用了大量的发展资金,用于集成电路制造方面的资金变得少之又少。

"如果我创办半导体公司,会选择无厂化"

在无线电公司任职的尾期,冯德施密特坚信半导体公司自营晶圆厂开销过大、负担过重,不利于公司发展。"如果我创办半导体公司,会选择无厂化。"他表态说,"我们可以找合作伙伴负责我们的生产。"在半导体行业里主事多年的冯德施密特有着深刻的行业洞见和往来密切的关系网络,1984年弗里曼和巴内特为无厂化半导体公司寻找能深得投资者信任的领导人时,正需要冯德施密特的远见卓识和明星效应。

伯尼·冯德施密特,无厂化半导体业务模式的创始人

冯德施密特1979年离开了美国无线电公司，决定走出行业一段时间。其间他攻读了莱德大学的工商管理硕士课程，而后加入硅谷微处理器先锋公司智陆。然而，此时的智陆仍处于起步阶段，不久前刚被埃克森公司(Exxon)收购。他很快便发现，智陆从埃克森公司获得资金投入晶圆厂改进半导体加工技术，就同无线电公司的固态电子产品分部从母公司获得资金一样困难重重。正如尤吉·贝拉(Yogi Berra)所言"一切似曾相识"，当弗里曼和巴内特找上门来时，冯德施密特已经做好出走的准备。1984年2月，这三人正式成立了赛灵思公司。

赛灵思诞生和无厂化运动发端

虽然弗里曼和巴内特看到FPGA的行业前景，说服冯德施密特来建立半导体公司，但冯德施密特却不打算走美国无线电公司和智陆自建晶圆厂的老路。曾两度经历过自营晶圆厂的压力和风险，冯德施密特计划让赛灵思专注于其最擅长的业务，只设计开创性的可编程设备，赛灵思专业领域外的技术和资源，尤其是资本密集型的芯片制造职能，则靠建立合作获得。

为了追求无厂化半导体公司的目标，冯德施密特利用自己与精工集团执行官草间三郎十几年的交情，试探精工是否愿意为赛灵思生产FPGA。在将无线电公司的CMOS技术授权给精工集团用于手表业务时，他曾见过草间三郎。

为了达成这项协议，冯德施密特提出了令人信服的观点。他说，开展这样的合作将有助于精工集团晶圆厂的产能得到有效利用，从而进一步抵消设备的资金成本，倘若赛灵思的FPGA产品受到市场欢迎，精工还能获得额外的利润。此外，冯德施密特还增设了优惠条款，精工将获得在日本独家转售赛灵思FPGA产品的权利。最终合作的完满主要还是依靠冯德施密特与草间三郎两人之间的友谊。原始的书面协议篇幅只有两页,赛灵思的无厂化业务就这样开始了。

1984年3月,弗里曼和巴内特将年轻的工程师比尔·卡特(Bill Carter)从智陆招募过来,设计第一款功能性FPGA产品的重任就落到他的肩头。弗里曼原先就职于智陆时,聘用卡特开发了Z8000微处理器。如今,卡特跟着弗里曼来到赛灵思。

比尔·卡特,第一代FPGA的设计者

加入赛灵思前,卡特在智陆开发过NMOS(N型金属氧化物半导体)微处理器和外围设备,也拥有双极型晶体管的设计经验。然而,精工集团采用的加工技术是CMOS,因此赛灵思的FPGA成为卡特的第一次CMOS设计。更具挑战的是,这一款FPGA产品将是大型芯片。在时间要求非常紧张的情况下,卡特必须设法开发出完全不同以往的全新集成电路,规模堪与复杂的微处理器相比。他还需要和并不习惯与外部客户保持交流的太平洋彼岸的集成电路晶圆厂员工共事,克服语言、企业文化和工程理念方面的重重障碍。

抛弃奇技淫巧

冯德施密特常建议卡特尽可能地简化设计,抛开一切"奇技淫巧"。如果设计过于复杂,按时生产出可用设备并交付给客户就会变得更为困难。尽可能降低风险,对冯德施密特而言十分重要。他明白,一家微不足道的创业公司通过独一无二的无厂化模式制造出前所未有的芯片,这样的模式很容易把客户吓跑。

事实上,为了降低客户与这家新型FPGA公司开展业务时感受到的风险指数,冯德施密特告知潜在客户,赛灵思计划在年收入达到

5000万美元时自建晶圆厂，并确保总有第二供应商待命，这是当时的行业惯例，实际上几乎是强制要求。后来，蒙娜丽斯克存储器公司(Monolithic Memories Inc，简称MMI)签约成为赛灵思的首家第二供应商。巧的是，蒙娜丽斯克后来被超威半导体公司(领导人杰里·桑德斯的名言是"好汉都有晶圆厂")收购，超威于是成为赛灵思FPGA业务的第二供应商。

精工集团的CMOS晶圆厂采用2.5微米工艺，这是相对成熟、低风险的硅加工工艺，很适合于制造数字手表电路。因此，精工采用的是十分保守的设计原则，以降低芯片生产难度，提高成品率。就设计可用空间而言，赛灵思的FPGA产品和保守完全不沾边。事实上，XC2064型的FPGA含有64个可配置逻辑单元和58个输入输出模块，需要的晶体管数量庞大，达到85 000个，超过了摩托罗拉68000型的32位微处理器。赛灵思第一块FPGA的裸片长宽约为300毫米，几乎超过当时生产出的任何芯片，也远远超过精工集团的设计师们曾开发出的所有芯片。

卡特知道，为了将FPGA产品的尺寸控制在300毫米内，必须尽可能地压缩空间。他敦促精工集团给出CMOS工艺的详细描述，并提供精确的最小特征尺寸*。

这种芯片的架构主要基于模块化的可配置逻辑模块(Configurable Logic Block，简称CLB)和输入输出模块，设计过程中多次重复使用了这两种模块(边缘或拐角处的某些可配置逻辑模块有些细微调整)。重复使用统一模块的方式大大简化了FPGA设计，甚至可以进行手工的设计和测试。赛灵思并不采用计算机辅助设计(Computer-

---

* 在集成电路领域，特征尺寸是指半导体器件中的最小尺寸。在CMOS工艺中，特征尺寸典型代表为"栅"的宽度，即MOS器件的沟道长度。一般来说，特征尺寸越小，芯片集成度就越高，性能越好，功耗越低。——译者

Aided Design,简称CAD)。对于预算紧巴巴的半导体初创公司来说,CAD系统太贵了。

卡特设计团队大量采取设计复用,进而将大块时间留给了电路层的设计测试工作。虽然冯德施密特一再敦促简化设计,卡特运用的某些芯片设计技巧却创意十足。例如,在CMOS设计中往往将p沟道晶体管与n沟道元件配对使用。卡特的FPGA设计运用了NMOS的设计经验,减少了p沟道元件,增加n沟道设备,既提升了性能又节省了空间。

凭借手头的设计经费,卡特团队在数据控制公司(Control Data Corporation,简称CDC)的大型主机上租用了SPICE仿真时长*,主机使用前互联网时代的拨号连接方式。远程SPICE仿真的速度极慢,一个简单的语法或输入错误就会浪费好些个小时。排队好不容易等到多人共享的SPICE服务之后,却因为一个愚蠢的错误造成仿真失败,的确令人十分沮丧,尤其是在交付期限一天天临近之时。

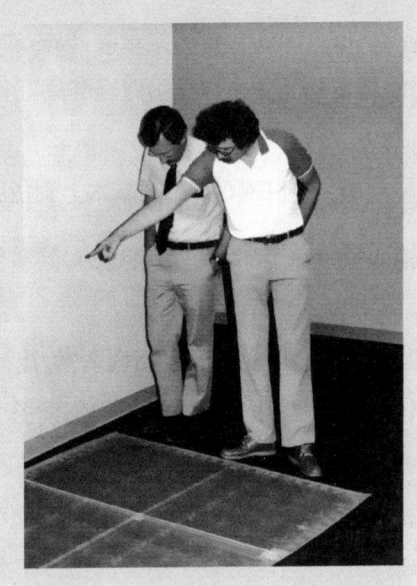

罗斯·弗里曼检查世界第一款FPGA的电路图,型号XC2064

幸运的是,一款廉价的基于个人计算机的SPICE仿真软件适时出现了。卡特说服冯德施密特投资购买了一台个人计算机,他在上面检

---

* SPICE是最早出现的仿真软件,第一个版本于1972年用Fortran语言写成,1975年推出正式实用版本,1988年被定为美国国家工业标准,主要用于集成电路、模拟电路、数模混合电路、电源电路等电子系统的设计和仿真。——译者

验过设计语法符合SPICE平台规则以后,再将仿真需求提交给CDC大型主机。虽然与共享大型主机相比,个人计算机运行SPICE仿真程序的速度十分缓慢,但后者加上调制解调器上传时间和排队时间,耗费的总时长几乎相同。不久后,卡特团队便不再租用共享大型主机的仿真服务了。

在设计流程的晚期,团队会检验所有的设计规则,包括应用电子电路计算机辅助设计规则找出简单错误,再将最终版面布局中的所有单元格坐标手工输入到卡尔马数字转换器里,这时大家才能首次见到完整的设计版图。进一步查验之后,团队会将九层设计输入模式发生器,为精工集团生产掩模版做好准备。1985年5月末,产品交付投片。

第一批FPGA晶圆基本上到货即损

设计成果交给精工集团后,卡特团队必须等上两个月,直到1985年7月初才拿到第一批芯片,是25块晶圆装在一个盒里。团队着手检验晶圆上的芯片能否上电运行,用上了探测器、自行开发的调试器、曲线量测仪。前10块晶圆都在电源和地线间发生了短路。这可不是好兆头。

第11块晶圆出现了一些电流流过的迹象,实际电流还很高。剩下的14块晶圆同样出现电源地线间的短路。卡特团队发现,短路的原因是金属蚀刻不足,铝晶须造成了第一批晶圆出现电源地线间短路。在那块部分报废的晶圆上,细微的金属晶须可以像保险丝一样熔断。往晶圆上的芯片加载足够大电流后,测试团队最终将晶须烧尽,消除了短路。

第11块晶圆上可以运行的芯片已经具备稳定的性能,足以让卡特团队继续调试FPGA的设计方案。最后,卡特终于可以往芯片内输入简单的配置比特流。通过编程往可配置逻辑模块上加载逆变器取得成功后,他致电正在日本旅行的弗里曼和冯德施密特,报告说"情况有惊无险",以及赛灵思"成功打造出世界上最昂贵的逆变器"。卡特首获成功后,设计团队开始在FPGA芯片上编程实现更多功能各异的逻辑电路,最后将一块芯片上的64个可配置逻辑单元全部配置完毕。

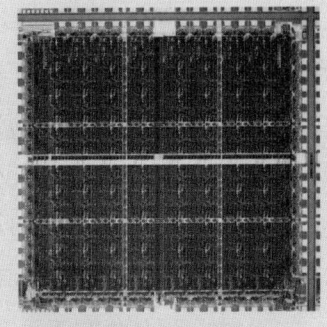

XC2064的裸片图,这是世界上第一块FPGA

FPGA的诞生

精工与赛灵思联手解决了困扰第一批FPGA晶圆的铝晶须问题,赛灵思于1985年9月收到了可用的设备。1985年11月1日的一场新闻发布会宣告世界上第一块FPGA诞生了,它是XC2064,在新闻稿上使用的称呼是"逻辑单元阵列"。

生产具有重复性结构的FPGA芯片,除了为精工带来额外收入,保持晶圆厂以高产能运转,还推动精工调试新一代的集成电路工艺技术,提高了成品率,降低了精工出产全部芯片的单位成本。赛灵思将FPGA作为"工艺驱动程序",打开了机会之门,接触到精工集团和其他半导体代工厂顶尖的集成电路制造技术。许多晶圆厂此后都希望将FPGA芯片作为工艺驱动程序,因为它能够诊断出工艺上存在的问题。

结论

随着晶圆代工业务的价值定位逐渐明晰,其他集成器件制造商也开始为第三方生产芯片,在提高晶圆厂产能的同时,获取额外收入。在这个过程中,业务集中的商业化半导体代工厂出现了全新的子产业,为无厂化半导体公司提供服务。这样一来,即使是雄心勃勃的设计师建立起的小公司，无须投资建设晶圆厂就能实现它们在硅芯片上的设计创新。不久后，无厂化搭上了快档的高速发展，在赛灵思创立十年后的1994年，包括赛灵思在内的几家无厂化半导体公司组建了无厂化半导体协会(the Fabless Semiconductor Association，简称FSA，如今被称为全球半导体联盟，即Global Semiconductor Alliance，简称GSA)，在电子行业里发出共同的呼声。

20世纪70年代在无线电公司里任职时，冯德施密特就已经预见到这种种变化。经验告诉他，仅有一家企业客户的晶圆厂无法做到持续性地高产能运转。他也明白，专注于集成电路设计的公司不应该分散精力和资源去保持晶圆工艺技术处于领先水平，而且它们常常也负担不起这样的面面俱到。

我们跟随摩尔定律进入纳米级产品领域，经历了集成电路制造工艺出现的多次结构性变革，包括铜互连技术、浸没式蚀刻、高介电常数金属栅极、应力工程等，这验证了冯德施密特的无厂化设想果然无比正确。在过去近30年的时间里，赛灵思与20家半导体供应商开展过业务合作，其中有10家为它生产过FPGA芯片。

冯德施密特的远见卓识，支撑着赛灵思在30年时间里引领FPGA行业的发展。下面是冯德施密特20年前写下的文字，曾刊登在赛灵思的时事通讯刊物《Xcell》上，如今读来依然和当时一样准确无误。

《推行无厂化策略》，伯尼·冯德施密特(1993)

100多家半导体公司没有加工设备，由地位独立的芯片"代工厂"提供生产服务，赛灵思便是其中之一。"无厂化"公司并非标新立异之举，其流线型企业架构正适应如今变化迅猛而剧烈的市场环境。无厂化使得赛灵思能够专注于自身最擅长的业务，心无旁骛地设计营销可编程逻辑器件。

惠普宣布放弃代工业务，一些无厂化公司最近也遇到了麻烦，这让一些行业权威再次发出质疑：无厂化半导体供应商能否走得远（惠普并非赛灵思的晶圆供应商）。我们坚信，那些唱衰无厂化半导体的专家都错了。虽然我们的商业模式并不一定对每家公司而言为最佳，但赛灵思以及其他很多无厂化公司将与合作代工厂建立起双赢的业务关系，继续取得成功。

成功推行无厂化策略的第一要旨，是采用能与一系列代工厂兼容的标准制造工艺。赛灵思的FPGA和EPLD（Erasable Programmable Logic Device，可擦除可编程逻辑器件）都基于"朴实无华"的SRAM和EPROM技术，使我们自然地可以从行业最领先的加工技术进步中获益，为产品找到多家代工厂。

天灾人祸出现时，多家代工厂能持续有力地保证充足的产品供应。代工厂间的竞争、持续不断的工艺和产品改进，也让我们可以接受价格的可预测性变动。相比之下，无厂化公司若采用特定工艺，潜在供应商便会减少，在"代工市场"上就缺乏优势。代工厂若采用特定工艺，产品价格必定上升，因为获取和把控这种工艺需要花费更多的精力。

无厂化半导体公司和代工厂必须建立长期关系，互信互利。赛灵思无须投入巨资，便可获得先进的加工工艺，自然因此获得了收益。我们可以专注于创新，开发更好的产品为市场提供价值。

我们的合作代工厂通过服务多个设备市场实现了制造能力的多样化，进而获益。经由赛灵思，它们进入了前景广阔的新市场，又无须承担产品开发和市场营销的费用。借助市场多样化，代工厂将需求波动降至最低水平。有了长期的合作关系，代工厂将比其他制造企业更具竞争力。

赛灵思代工厂还获得了另一项巨大收益，那就是将FPGA作为工艺"驱动程序"，运用技术来驱动和检验工艺进步。我们的FPGA产品质量可靠,可测试率高达100%,大大方便了代工厂进行缺陷分析和故障测试。

我们的代工厂已认识到,通过把10%至20%的产能用于FPGA产品,它们将从工艺控制分析得到丰厚回报,进而获得的工艺改进也可用于其他CMOS产品线。(值得一提的是,赛灵思也雇有工艺方面的专家,他们与合作代工厂紧密协作,共同推进工艺技术的改进和应用。)

因此,赛灵思与合作代工厂的业务往来,将有效地推动工艺进步。不过,这种关系必须是基于互惠互利。同过去一样,这也将是在未来取得成功的必备要素。

第四章
转向无厂化模式

20世纪80年代中期以前,半导体公司指的是我们如今所谓的集成设备制造商,即IDM。它们自行开发半导体工艺,购置运营晶圆厂,销售出产的成品。

晶圆厂的成本从来都不低,然而在当时即便是小型的半导体公司也能建设运营。除了购买和维护制造设备的资金成本,运营晶圆厂还涉及其他两项成本,即用于改进制造工艺的成本和维持获利所需产量的成本。20世纪80年代初,改进半导体工艺的开销还不算高得离谱,维持获利所需产量的成本也不是太高,因此"让晶圆厂高产能运转"不算太难。

接下来的几十年里,运营晶圆厂的三种成本都发生了改变。如今,建造一家晶圆厂的成本以百亿美元计。现代半导体工艺改进成本之高,只有英特尔和台积电有能力独自负担。其他机构则组成了某种半导体公司俱乐部,共同分担多种开发成本。例如,IBM、三星和格罗方德组建了通用平台,共同推进工艺技术发展,利用大量的电子设计自动化工具、知识产权模块、元件库、封装技术和设计服务,将新设计转化为可制造的产品。

考虑到建立现代化晶圆厂和开发新型加工技术的成本,晶圆厂生产线必须保持以最大产能运转。获利产量可能要求每周的晶圆产出达到数万个,数字之高使得半导体公司即使有能力建厂,也只有少数几家能充分地用上产能。因此,如今的集成器件制造商属于"濒危物种",半导体公司大多将它们部分或全部的制造业务交给台积电等代工厂。就其对半导体行业发展的影响而言,自集成电路发明以来,无晶圆或轻晶圆模式很可能是全行业中最重要的进展。

早期的无厂化公司

无厂化趋势始于1984年，当时出现了真正意义上的无厂化半导体公司，芯片技术公司（Chips and Technologies）和赛灵思。人们普遍认为，芯片技术公司的共同创始人兼首席执行官戈登·坎贝尔（Gordon Campbell）率先认识到小型半导体公司没有自家晶圆厂也有发展空间。坎贝尔与其他创始人为公司筹集资金时，他们的商业计划包括有建设晶圆厂，虽然这并非他们真正要做的事。他们相信，没有人会投资一家离谱到没有晶圆厂的半导体公司。他们也猜测，无厂化的概念十分吸引人，一旦公开，此前接触过的每家风险投资也会开始为竞争对手提供资金，因为新模式所需的投资远远低于IDM模式。

赛灵思成立于1984年，是行业中一家较早采用无厂化模式的重要半导体公司，其业务范围与芯片技术公司截然不同，后者主要为个人计算机开发图形芯片，因此两者不存在竞争关系。然而，两家公司的商业模式在本质上却是相同的。它们都是先开发出少量的产品，委托另一家半导体公司生产晶圆。砍掉了建设运营自有晶圆厂的大额固定投资，进入市场所需的资本也就大大降低。

另一家重要的早期无厂化半导体公司是高通，它成立于1985年，开展的业务多样，例如长途货车司机使用的卫星定位追踪系统。1990年，高通开发出码分多址（Code Division Multiple Access，简称CDMA）无线标准，美国斯普林特公司（Sprint）与威瑞森电讯公司（Verizon）采用该标准后，业务都有快速增长。

芯片技术公司、赛灵思和高通成立之时，市场上还没有纯晶圆代工厂，即只为其他公司生产芯片的公司。然而，拥有晶圆厂的半导体公司也常常为其他公司生产晶圆，填补生产空档。任何一家半导体公司的晶圆厂都可能出现某一季度无法提供足量晶圆，下一季度又发生产能过剩的情况。晶圆厂的主要成本是设备折旧，因此生产线闲置的开销几乎和运转时相同，正如飞机座位空出时的成本和载客几乎相同。

无厂化模式的一个巨大优势，就是摆脱了运营晶圆厂的高额固定成本。结果，晶圆厂的固定成本转变为可变成本。无厂化公司使用其他公司的晶圆厂，每块晶圆需要多花一点钱，却完全可以从省下的晶圆厂建设、运营成本中扣除。

1987年，蒸蒸日上的新型无厂化半导体行业里出现了第一家纯晶圆代工厂台积电。纯晶圆在于它只为其他公司生产销售晶圆，本身并不设计产品。在它的对面是成立于1980年的联华电子（United Microelectronics Corporation，简称UMC），一家传统的也提供代工服务的半导体公司。联华电子于1995年转型成为纯晶圆代工厂，近期的排名仅次于台积电。下一章将深度解析代工业务。

台积电与联华电子早期主要为拥有晶圆厂但产能不足的公司生产晶圆，无厂化公司的订单较少。事实上，1995年所有无厂化半导体公司设计的芯片都无法填满一家晶圆厂的产能。不过，无厂化公司的重要性却在日渐凸显，其背后的驱动力来自两种趋势。首先，越来越多的无厂化半导体公司诞生，都需要制造产能；其次，自建晶圆厂对半导体公司经济上的吸引力日渐下降。

超威半导体公司首席执行官杰里·桑德斯说"好汉都有晶圆厂"，意思是芯片设计必须和工艺技术两相贴合。可以说，这一点对一家公司的发展影响巨大。超威于2009年放弃晶圆厂，其主要对手英特尔则保持原有模式。超威出现的种种市场失误，很难说清是否有些是源于无厂化改造带来的设计与生产分离。市场研究公司艾思（iSuppli）提供的世界半导体排名数据表明，整个行业转入了无厂化模式。直到2007年，还没有无厂化半导体公司进入前十。不过来自2012年的数据显示，高通排名第三，同样采用无厂化模式的博通（Broadcom）排名第九，排在第十二位的是如今已经无厂化的超威。

如今，传统的集成器件制造商与无厂化公司实际上差异甚微。大多数半导体设计公司至少会将部分制造业务外包给台积电或格罗方德等代工厂。采用最新工艺的晶圆厂开销过高，即便是保留部分制造职能的半导体公司也只能委托代工厂，完成最先进的28纳米、20纳米和更尖端工艺的芯片制造。只有少数几家集成器件制造商，如英特尔、IBM和三星，拥有工艺最先进的晶圆厂，不过它们也把一些制造业务外包了出去。

纯晶圆代工厂的历史及其对当今无厂化半导体产业的塑造作用，本身就是个有趣的故事。接下来将讲述芯片技术公司的历史故事，下一章将主要讲述代工厂。

自述：芯片技术公司
Chips and Technologies

芯片技术公司（C&T）被誉为业界第一家无厂化半导体公司。创始人之一的达多·巴纳陶（Dado Banatao）为作者保罗·麦克莱伦讲述了创业历程，阐述公司如何开启了这种最终得到行业普遍认可的商业模式。

1985年，达多·巴纳陶与戈登·坎贝尔创立芯片技术公司。坎贝尔与赛灵思的冯德施密特都是新型无厂化商业模式的先锋人物。颠覆性的新概念往往会受到来自旧势力的抵制，如今在托伍德风险投资公司（Tallwood Venture Capital）担任管理合伙人的巴纳陶表示，当时集资困难，因为风投公司无法理解无厂化半导体公司的概念。甚至其身边的朋友们都对他说，"那并非真正的半导体公司"。实际上，第一笔100万美元的投资来自一位房地产投资者！一番坚持和努力之后，公司才从几位日本投资者那里获得了300万美元的投资，其中包括日本大集团公司三井。

技术层面上，公司选择了门阵列方向，而非标准元件设计的方式。因为个人计算机业务蒸蒸日上，他们急于将芯片组投入市场应用。公司选用了业界领先的东芝门阵列技术，却发现即使采用尺寸最大的门阵列，设计方案也超过了承载范围而无法实施。为了解决这一问题，他们将设计分布到两块芯片上，一块是东芝生产的CMOS逻辑门阵列，另一块是日立生产的带有各种输入输出驱动程序的双极型芯片。当时半导体市场回落，日立晶圆厂的产能大量过剩，对加工订单如饥似渴。芯片技术公司让日立的晶圆生产线全数忙碌起来，付出的代工价格低得难以置信。

芯片技术公司的业务快速起飞，为IBM的PC-XT和PC-AT两款计算机供应芯片组时，推出芯片组的头四个月里就盈利1200万美元。公司于1987年首次公开募股，那时仅成立了22个月，起初获得的400万美元投资，如今还有100万存在银行。获得三井集团的投资真是可遇而不可求，因为东芝与日立皆属三井旗下的公司。这样一来，当时缺乏周转资金的公司向东芝和日立订购零部件便无须预付货款。三井集团的存货融资达到5000万美元。

芯片技术公司的产品主导市场约两年后，竞争对手VLSI技术公司开始销售芯片组。事实证明，芯片技术公司的双极型芯片优势明显，因为VLSI技术公司当时力推的CMOS静电放电防护技术仍处于萌芽阶段，有潜在问题。因此，相比VLSI技术公司的全CMOS解决方案，芯片技术公司大可宣扬自家产品更为可靠。三年后，芯片技术公司产品也变成完全采用CMOS技术，那时的静电放电防护上限值已达20KV，此前的种种问题已是过眼云烟。

1989年，巴纳陶离开芯片技术公司，创立了S3 Graphics公司。这家公司专注于开发图形处理器，同样靠门阵列技术快速打开了市场。公司四处寻找规模最大的门阵列，发现精工爱普生的产品恰好符合要求。在S3公司，巴纳陶的关键发明是一种新型互联技术——局部总线。它可以提高芯片间数据的传输速率，被称为"高级芯片互联"（Advanced Chip Interconnect），后来成为英特尔公司的PCI和PCIe技术*。

公司最开始也为戴尔（Dell）供应芯片组，希望携手挺进已然腾飞的个人计算机市场。康柏电脑公司（Compaq）虽然是当时第一大个人计算机制造商，却并不认可芯片组。不久，中国台湾地区、韩国和日本

---

* PCI即外部设备互连总线技术，由英特尔于1991年提出；PCIe是一种高速串行计算机扩展总线标准，由英特尔于2001年提出。——译者

纷纷开始制造个人电脑。康柏难以招架，便也从单芯片模式转向了芯片组的应用。有趣的是，在行业历史的那个时间点上，芯片技术公司在每台个人电脑上获取的利润超过了英特尔。

戈登·坎贝尔此前就职于英特尔，创立过SEEQ技术公司。他于1993年离开芯片技术公司，创立3Dfx Interactive公司，此后任职于多家表现卓越的公司。坎贝尔离开芯片技术公司时，公司的产品销量下跌，亏损巨大。新上任的董事长兼首席执行官吉姆·斯塔福德（Jim Stafford）开始重整管理模式和产品线，设法恢复盈利。

芯片技术公司后来成为笔记本电脑领域规模最大的图形处理器供应商之一，开始与英特尔、洛克希德·马丁公司（Lockheed Martin）合作，为台式计算机、工作站开发新型的图形芯片"Intel 740"，并于1997年初推向市场。事实证明，这项合作的意义远超当时的预期。结果不出所料，1997年7月，英特尔提出以4亿美元现金收购芯片技术公司。那是英特尔历史上规模最大的一笔收购。

芯片技术公司开创的新型无厂化商业模式带来的影响难以尽述，到目前为止，它依旧是今日半导体行业的主导模式。

第五章
代工厂崛起

半导体行业的基本经济规律可以总结为一句话:"让晶圆厂持续高产能运转"。晶圆厂建设是行业的主要投资行为,花费巨大,运转寿命只有几年。其主要成本是固定资产的折旧,包括建筑、空气和水净化设备、制造设备等,尽可能地高产能运转至关重要。要是无法全速运转,固定成本将超过运转部分获得的盈利,晶圆厂会因之出现亏损。当然,需求高涨时期也相应会有另一方面的问题,因为全速运转的晶圆厂显然无法继续提高产量。

晶圆厂产能通常与所属公司的总体需求相匹配,但就初制晶圆数量而论的产能需求与实际产能可能发生脱节。有时晶圆厂全速运转,若能进一步提高产量,半导体公司便可提升销量;有时产能过剩,半导体公司的出货量不足以支撑工厂达到全速运转。产能与需求之间需要建立平衡,这便催生出原始的代工业务,各半导体公司甚至是竞争对手之间,开始互相买卖初制晶圆。

第一批无厂化半导体公司,如芯片技术公司和赛灵思,将这种模式简单地做了一点拓展。它们没有自家的晶圆厂,而是选择去和产能过剩的半导体公司建立战略伙伴关系。这种伙伴关系必须富有战略性,不能只是随便走进一家半导体公司,询问几千块晶圆的价格是多少,正如现在没人会直接走入福特公司,询问制造几千辆汽车需要多少钱。开展业务不是这么一回事。

纯晶圆代工厂也来了

1987年,台积电的诞生给半导体行业带来了重大变革。这是一家从台湾工业技术研究院(ITRI)分离出来的公司。当时无厂化半导体公司的数量还很稀少,像芯片技术公司直到1985年才成立。台积电的商业模式是为自有晶圆厂产能不足的半导体公司提供制造服务。第一批投资台积电的公司中就有飞利浦电子公司(从飞利浦公司剥离后改名恩智浦),它同样是购买台积电晶圆的首批客户之一。

更早从台湾工业技术研究院剥离的联华电子公司,创立于1980年,是台湾首家半导体公司。与新竹台积电对街相望的联华电子,业务重心也逐渐转向代工制造。这主要是因为当时的无厂化生态圈催生出大量业务需求,市场渴望有新公司与台积电展开竞争保证价格。转变应运而生。

那个时代的纯晶圆代工厂三巨头中,还有一家是特许半导体公司(Chartered Semiconductor)。特许半导体公司位于新加坡,背后的支持者是包括新加坡政府在内的大财团。在新加坡政府方面看来,半导体制造产业是从委约制造往电子行业价值链上游迁移的战略举措。

伴随着台积电的诞生,半导体公司无须与其他公司建立深层次的战略伙伴关系便可造出芯片。定价并不是很透明,人们无法直接在网上浏览价格列表(再说,1987年也还没有真正的互联网),但销售人员可以为客户所需的任何产品提供报价。这与金属代工厂十分相似,客户需要铸造金属部件时,代工厂便提供报价并按要求生产,因此得名。同样,若想生产晶圆,客户可以直接向代工厂询价。

表面上,这并非什么巨大变革,但它意味着成立无厂化半导体公司,不再依赖于公司创始人拥有建立晶圆厂的巨额资本,或者与有晶圆厂的半导体公司交往密切。人们可以放心地专注于手头的芯片设计,到了生产阶段只需向负责代工的台积电、台联电或其他公司购买晶圆。

台积电和联华电子之类的公司被称为纯晶圆代工厂,因为其主要业务仅限于此。产能过剩的半导体公司依然销售晶圆,运营代工业务,但总让人有些不可靠之感。各大公司都怀疑,倘若半导体公司的业务扩张,其晶圆厂就会对外来者关上大门,迫使这些公司更换供应商。渐渐地,主营业务是生产自设计芯片的半导体公司逐渐被归为集成器件制造商一类。无厂化生态圈的做法则不同,开发并销售芯片的公司(无厂半导体公司)与制造芯片的公司(代工厂)分离开来。

代工厂推动集成器件制造商转向无厂模式

过去十年里,无厂化半导体公司与集成器件制造商之间的界限逐渐变得模糊。20世纪90年代,大多数集成器件制造商生产自家的大部分产品,需要时可能会利用代工厂所提供的小部分的额外产能,不过,无论从产能还是工艺技术的角度看,自家完成制造更富有竞争力。

渐渐地,这两个方面都发生了变化。为了获得成本优势,晶圆厂的规模持续扩大,直到大多数半导体公司都无法保持那样规模的高产能运转。2002年,英特尔首席执行官保罗·欧德宁(Paul Otellini)估算,建设一家晶圆厂的成本约为20亿美元。2006年,三星公司建立一家晶圆厂花费了40亿美元的投资。2013年,格罗方德与英特尔在计划阶段做出的估算是,一家晶圆厂的建设成本在100亿美元左右。半导体工艺同样变得更加复杂,提升技术的成本高昂,因此除了英特尔、IBM和三星这样巨无霸式的大型集成器件制造商,其他公司都无法承担占据技术前沿所需的巨额开销。

几个处理器俱乐部的成立,标志着集成器件制造商开始失去市场主导地位。俱乐部里,多家半导体公司达成合作意向,共同分担半导体工艺技术改进的大部分成本。IBM、东芝与西门子于1992年为开发存储芯片成立的处理器俱乐部就是早期发生的例子。小型的半导体公司无法指望凭一己之力开发出先进的工艺。

人们很快便认识到,唯独大型半导体公司有能力建设具备成本优势的晶圆厂,这不仅因为建设本身的投资额巨大,也因为建成后产能无法得到充分的利用。当时一家晶圆厂的建设成本为30亿美元,每年折旧成本约为10亿美元,意味着半导体公司的营业额须保持在50亿美元左右的水平,近乎超威半导体的规模,这可是世上唯一能与英特尔在x86系列微处理器领域竞争的公司*。

事实上，超威半导体公司于2009年3月彻底实现了无厂化，其首席执行官此前因"好汉都有晶圆厂"一语声名在外。超威将制造业务剥离给了先进技术投资公司（Advanced Technology Investment Company），后者主要归阿布扎比酋长国所有。这一制造分舵后来演变为纯晶圆代工厂格罗方德，不过超威仍持有其股份，也是其最大的客户。后来，格罗方德收购了特许半导体公司，如今成为仅次于台积电的世界第二大代工厂。

还有许多半导体公司也相继走上无厂化之路，如飞思卡尔（Freescale）、英飞凌（Infineon）和索尼。其余公司则没有太大变动，它们仍保留着原有的晶圆厂，许多已完成了折旧且采用的是不再尖端的工艺技术。对于大部分尖端工艺需求，它们转而依靠纯晶圆代工厂，因为实在难以消受新建投资与技术改进成本来跟进技术发展。

与此同时，一些集成器件制造商也进入到代工领域。它们本身还开展半导体产品业务，因此并非纯晶圆代工厂，不过它们也通过销售晶圆进一步促进了自家领先工艺的发展。这样开展代工业务的集成器件制造商三巨头分别是三星、IBM与英特尔。

三星是苹果公司最大的半导体供应商，同时也是后者在智能手机市场上的头号竞争对手。反过来也可以说，苹果是三星最大的代工客户。2012年，三星超越了联华电子，成为全球第三大晶圆代工厂。

IBM生产的大部分半导体产品是用于自家的电脑系统，它也开展一部分代工业务，例如为镁光公司（Micron）的混合立方存储器制造逻辑芯片。

英特尔同样也跨入了代工行业，起初它的客户多集中在FPGA领域，最有名的阿尔特拉（全球第二大FPGA公司）采用的是英特尔14纳米工艺。英特尔投资了几家FPGA创业公司承接其制造业务，如阿克洛尼丝和塔布拉公司。同时，收购了另一家FPGA公司爱特的美高森美公司也选择英特尔作为代工厂，采用的是22纳米工艺。报道称，英特尔还是思科的代工厂。

---

* x86是Intel推出的一种复杂指令集，用于控制芯片运行。——译者

如今，代工产业已分化出两种模式。在目前顶尖的22/20纳米和14/16纳米领域，仅有少数几家代工厂拥有建设一流晶圆厂的资本和商业能力。纯晶圆代工厂则有台积电、格罗方德与产能更为有限的联华电子。台积电在台湾建有上述节点的晶圆厂。格罗方德在德累斯顿制造的是28纳米芯片，它正在纽约州马尔他建设新厂。这些代工厂能够制造最新的智能手机片上系统芯片，如苹果、英伟达(nVidia)与高通设计出的芯片。

其他顶尖代工厂大多是开展代工业务的集成器件制造商。英特尔的晶圆厂位于美国俄勒冈州、亚利桑那州、爱尔兰以及许多其他地方，三星的晶圆厂位于韩国与美国得克萨斯州。IBM的先进晶圆厂位于纽约州东菲什基尔。

从集成器件制造商转向代工厂模式，是个急剧变化的过程。在130纳米节点，有22家集成器件制造商拥有自家晶圆厂。到了45纳米节点，这一数字下降至9家集成设备制造商和5家代工厂。而到了22纳米节点，集成设备制造商中只剩下英特尔、三星、IBM，代工厂只剩下台积电、格罗方德和联华电子，也许还可以算上中芯国际(SMIC)和三星。到了14/16纳米，这份公司名单似乎再度缩水，只包括那些对外宣称拥有20纳米以下制造工艺的公司。其他半导体公司处理这个级别的尖端工艺节点时，要么采用无厂模式，要么采用轻晶圆厂模式。这些尖端技术节点的市场应用主要是面向英特尔的微处理器和其他所有公司的智能手机，两项业务都堪称体量巨大，不遗余力地追求高性能和低功耗。

代工业务的另一分支并不关注尖端技术，它们服务的是模拟电路、电源管理、微电子机械系统等领域的设计。这些设计目前采用的最新工艺就是130纳米，因此并不需要最先进的晶圆厂负责制造。格罗方德收购的特许半导体公司经营此类业务，某些专业化的晶圆厂也是，例如陶杰(Tower/Jazz)和先锋半导体(Vanguard)这两家纯晶圆厂。一些集成器件制造商也经营这类业务，如台湾力晶(PowerChip)和美格纳(MagnaChip)。

代工厂不断发展,无厂化逐渐铺开

全球半导体联盟公布的相关数据显示,2013年台积电以201亿美元的营业收入遥遥领先,稳坐代工行业头把交椅。格罗方德紧随其后,年营业收入达51亿美元。三星本身是集成器件制造商,其代工业务在行业排名第三,年营业收入46亿美元,联华电子以39.65亿美元位居第四。第五名是位于中国的中芯国际,年营业收入19.7亿美元,是最后一家超过10亿美元的公司。虽然后面还列有一长串的代工厂,但它们的业务规模下降得很快。例如,位于第十二位的韩国美格纳,年营业收入是4.4亿美元,不到台积电的四十分之一。

全球半导体联盟2014年出版的《集成电路代工厂年鉴》刊登了市场研究公司"集成电路洞察"(IC Insights)的一篇文章,预测2014年包括纯晶圆代工厂和集成器件制造商在内的代工厂整体营收有望提升15%,达到创纪录的511亿美元。此前两年里,2013年增长14%,2012年增长21%。如今,代工厂在全球集成电路销售额中的占比超过三分之一。到2017年,代工厂生产的集成电路预计将占全行业集成电路销售总额的45%。

前十大非内存半导体公司越来越多地选择了无厂化或轻晶圆厂模式。市场研究公司艾思于2013年发布的初步排名显示,英特尔(集成器件制造商)、三星(集成器件制造商兼代工厂)和高通(无厂化企业)占据市场前三席。随后是镁光(内存公司)、海力士(SK Hynix,内存公司)、东芝(轻晶圆厂)、德州仪器(轻晶圆厂)、博通(无厂化企业)、意法半导体(ST Microelectronics,轻晶圆厂)、瑞萨(Renasas,轻晶圆厂)。基本上,前20强中的其他公司要么完全采用无厂化模式,要么是轻晶圆厂模式,利用代工厂完成领先工艺的制造,自家工厂则负责生产工艺要求不高的产品,要么是专业模拟电路的供应商,完全不需要使用尖端工艺。IBM(集成器件制造商兼代工厂)本该榜上有名,但其芯片大量用于自家业务,外销占比不大,难以清楚界定。

未来,掌握了22纳米工艺的集成器件制造商与代工厂是否将有充足资金向14/16纳米和后续的10纳米、7纳米过渡,我们并不清楚。眼前存在诸多技术难题,以及与晶圆成本相关的经济问题。因此,多少现有产品线将转向新工艺节点,而非停留在低成本的落后节点上,也尚不明晰。

还有另外一个影响判断的因素,人们并不确定每百万个晶体管的成本,这一衡量过渡到更细微工艺节点所创造价值的指标,是否还会像过去40年里那样持续下降。一种观点认为,这样算起来,28纳米也许是成本最低的工艺。当然,20/22纳米和14/16纳米工艺能提升性能、降低功耗,但过去总伴随工艺过渡发生的成本下降也许无法再次实现,或者幅度上不再那么明显。以往工艺过渡的经验法则是:晶体管数量每增加一倍,晶圆成本上升15%,总成本下降35%。未来的成本变化模式将是如何,我们拭目以待。

行业人士认为,极紫外光刻(EUV lithography)技术有望推动摩尔定律继续发挥作用。这项技术的发展多年来一直止步不前,此前整个行业都已投入巨资,极紫外光刻却依然无法达到投入大规模生产使用的晶圆产出量,未来能否实现又将于何时实现,目前尚不明晰。不过,它也为降低晶圆制造时长,并相应地削减成本提供了契机。

接下来将讲述台积电与格罗方德公司的历史,以及它们在代工业务模式的发展进程中所起的作用。

自述:台积电与开放创新平台
TSMC and Open Innovation Platform

作为世界上规模最大、影响最深远的纯晶圆代工厂,台积电可以讲出许多有趣的故事。本篇介绍了台积电的历史概况,力图阐释建立合作伙伴生态系统对于公司成功和半导体行业发展的重要意义。

同半导体行业中的几乎所有事物一样,台积电及其开放创新平台走过的足迹,也是半导体制造经济原理不断驱动的结果。当然,集成电路的发展始于50年前的仙童半导体公司(其地址很靠近如今的谷歌总部,看起来历史总在循环往复)。平面工艺将晶圆(晶圆的尺寸刚开始是1英寸)作为整体进行多次加工,推动了大规模生产。英特尔、国家半导体、德州仪器和超威迅速跟进,开启了集成器件制造商的时代(不过当时还没有这种称呼,只是叫它们半导体公司)。

下一步是专用集成电路的发明,由LSI逻辑公司和VLSI技术公司引领潮流。这是首次设计与制造实现分离。虽然物理设计仍由半导体公司完成,逻辑设计却交给了系统公司。也许这一变革的关键不在于系统公司完成了部分设计,而是系统公司决定着设计理念,担负起了商业化应用的职责。与此同时,集成器件制造商依然信奉的是"制造多少就能销售多少",手里抓着一系列标准元件的目录。

1987年台积电成立时,制造与设计最终实现了分离。行业里当时还缺少高效的物理设计工具,1988年SDA公司与ECAD公司合并为铿腾,不久后又收购了腾正公司(Tangent)。铿腾是当时唯一一家为物理布局布线提供设计工具的供

应商。有了它，系统公司就可以购买设计工具，自行设计芯片，然后交付台积电生产。系统公司负责产品概念、逻辑设计和最终产品的销售（可能是单块芯片或整套系统）。台积电负责芯片制造，通常也包括测试、封装和物流。

当时，代工厂对接设计团队是很简单的事。代工厂制定设计规则，提供SPICE软件仿真参数，设计者发回设计的GDSII文件和测试程序*。过程中如果需要一些基本的标准元件，可以在市场上从阿迪森（Artisan）之类的公司购得，某些团队可能会自行设计。台积电后来也提供标准元件，一部分自行设计，一部分则从阿迪森或其他标准库供应商购买，并对最终客户公开许可使用费条款。然而，随着工艺日趋复杂，制造与设计之间的鸿沟进一步加深。这给台积电带来的难题是，从台积电计划将设计用于大规模生产，到设计团队做好流片准备，两者存在时间差。由于晶圆厂成本的大头是建筑与设备的折旧，且大多属于固定成本，因而这一问题亟待解决。

在采用65纳米技术节点时，台积电启动了开放创新平台项目（Open Innovation Platform，简称OIP）。一开始平台规模不大，但从65纳米转入40纳米再到28纳米时，参与者的数量增加了七倍。到16纳米的鳍式场效应晶体管**时，设计工作有一半的工作量是获得知识产权许可与物理设计，因为当今的片上系统大量采用了知识产权模块。在每项工艺生命周期的起始阶段，开放创新平台与EDA工具供应商、知识产权模块供应商积极合作，确保设计流程与关键模块能尽早就位。这样一来，设计流片时晶圆厂也正要开始爬坡量产，晶圆的需求与

---

* GDSII是一种时序提供格式，用于设计工具、计算机和掩模版制造商之间进行半导体物理制版的数据传输。——译者

** 鳍式场效应晶体管（Fin Field-Effect Transistor），一种新的互补式金氧半导体晶体管，命名基于晶体管与鱼鳍形状的相似性。这种设计可以改善电路控制并减少漏电流，缩短晶体管闸长。——译者

供应就能合拍。

整个产业仿佛终于经历了某种大循环,代工厂与设计圈共同组建成虚拟的集成器件制造商。台积电的开放创新平台进一步加速了半导体供应链的解体。这靠的是良性发展的电子设计自动化产业和日益健全的知识产权行业。随着芯片设计日趋复杂,又进入了片上系统时代,芯片模块的数量已经超出设计团队的能力和意愿所能及。然而,尤其是在新工艺节点,电子设计自动化和知识产权许可仍然是个问题。

在电子设计自动化领域,每种新工艺都会带来新的间断性需求,要适应不断扩大的设计规模,不能只靠丰富设计功能、提升工具速度。应变硅、高介电常数金属闸极、双重曝光和鳍式场效应晶体管,每一种技术都需要革新软件和设计,推动技术创新的开发与测试。

就知识产权方面而言,设计团队越来越希望能将精力投入芯片的特定部件,与竞品拉开差距,而不是重新设计标准接口。但这意味着相比此前,知识产权公司需要更早地完成标准接口的开发与芯片测试。

开放创新平台将电子设计自动化、知识产权公司与台积电制造业务打造为统一的生态系统,加速各领域的创新。由于电子设计自动化和知识产权团队需要在工艺技术成熟稳定前先行开展工作,开放创新平台的生态系统内便需要有高度的协作与互信。

台积电于1987年成立时,的确开创了两大行业。第一自然是代工行业,在台积电的引领下,其他公司也相继进入。第二则是无须投资建设晶圆厂的无厂化半导体行业。这一行业的巨大成功,使得如今前十大半导体公司中有两家,高通与博通,都采用无厂模式,所有排名前列的FPGA公司也都是无厂化运营。

代工/无厂模式大体上取代了集成器件制造商和专用集成电路的模式。专业化公司间相互协作形成的生态系统创新速度很快。一家公司包揽下工艺改进、设计工具和知识产权模块开发的旧模式已经基本消失了，一同逝去的还有阻碍进步的"非自主发明"综合征，这让此前难以获得集成器件制造商认可的来自外部的概念与想法得以渗透。甚至声称"好汉都有晶圆厂"年代的早期集成器件制造商也开始采用"轻晶圆厂"模式，利用代工厂完成部分制造，主要是针对顶尖的技术节点。

台积电传奇董事长张忠谋创立的"大同盟"（Grand Alliance）也是一种商业模式创新，开放创新平台在其中扮演了重要角色。该同盟集结业界各大公司机构，为客户提供服务，不仅是电子设计自动化和知识产权公司，还包括设备和材料供应商，尤其是高端光刻材料。

进一步剖析开放创新平台可以发现，有几个重要的因素使台积电得以协调整个设计生态圈为客户服务。

- 电子设计自动化：当设计规模扩大到手工操作无法胜任的程度，大多数半导体公司认识到自身并不具备开发设计软件的技术和资源时，软件设计业务便蓬勃发展起来。这一切的推动力，在前端主要是专用集成电路，尤其是门阵列的发明；在后端则是代工厂的诞生。

- 知识产权：这曾是个毁誉参半的细分市场，如今已然十分重要，安谋、想象科技、赛沃（CEVA）、铿腾和新思都拥有大量关键性的知识产权模块，如各类微处理器、双倍速率同步动态随机存储器、以太网产品、闪存等。事实上，如今大型片上系统的知识产权模块占比超过50%，有时甚至达到80%。台积电可以为客户提供超过5500种经授权的知识产权模块。

- 服务：与台积电的工艺技术相适应的设计服务及其他价值链服务，帮助客户尽可能地提升效率，增加利润，将设计方案快速投入大规模生产。

- 投资：台积电及客户的年投资额超过120亿美元。仅仅台积电与开放创新平台的合作伙伴，年投资额就超过15亿美元。在尖端光刻领域，台积电还向阿斯麦公司（ASML）投资了13亿美元。

工艺技术不断改进，日趋复杂，晶圆厂为实现经济效益，规模也在不断扩大。这意味着需要进一步加强合作，唯有如此才能控制成本，确保成功设计所需的所有要素按时就位。

过去25年里，台积电建立起日渐繁荣的行业生态系统，合作伙伴纷纷反馈称，相比其他代工厂，与台积电合作盈利更快也更稳定。成功来自资源整合、商业模式演变、技术发展和开放创新平台生态圈，种种因素确保多方共赢。时刻变动的多种要素需要及时协调就位。缺乏设计工具不可能设计出现代的片上系统，越来越多的片上系统包含越来越多的第三方知识产权模块，当然还有最核心的要素，那就是台积电自身需要具备工艺技术，能根据相关的成品率总结完成爬坡量产。

数据是最好的证明。2013年无厂化业务增长率预计将达到9%，超过整个半导体行业增长率4%的两倍。在半导体市场中，无厂化业务份额翻了一番，从8%上升至16%，尽管半导体市场整体的同期增长表现一般。与此同时，台积电对半导体行业营收的贡献率从10%提升至17%。

对半导体行业出现的这些显著变化，开放创新平台形成的生态系统发挥了关键作用。

创意电子公司

此外，台积电还拥有创意电子公司（Global Unichip Corporation，简称GUC）。这是台积电部分控股的子公司，也是重要的合作伙伴，其提供的设计服务，使台积电能专注于纯晶圆代工模式。1998年创意电子成立时拥有10名员工，是一家"设计服务型"公司，其业务迅速发展，到2000年员工数已超过100人。

对创意电子而言，2003年至2010年有着里程碑式的意义，其间公司业务获得前所未有的发展。这一时期，创意电子与世界上最大的半导体代工厂台积电在业务和技术领域不断巩固合作关系。这一关系推动创意电子获得了稳定发展，造就了如今的核心团队和指引公司前进的商业策略。

2003年，台积电获得创意电子的控权股份，但这家代工厂佼佼者所做的可不仅仅是资本投资。为了提高投资回报率，台积电推动创意电子布局全球业务，踏上成为高新技术领域领导者之路。

这一技术模式和相关联的商业模式，不久便获得了发展的动力。2003年以前，创意电子大部分业务来自消费类电子产品公司，后者主要分布在台湾地区，倾向于采用更成熟的技术。随着新管理层、新业务和技术模式扎下根来，创意电子的业务重心开始转向技术含量更高的网络通信领域，那里对技术领先有更高的要求。2004年，创意电子的营收全部集中在0.13微米技术节点；到2005年，有5%的营收来自新的90纳米节点；一年后，又有3%的营收来自刚出现的65纳米节点。

这一趋势的影响很快便体现在公司的账本上。营业收入从2002年的2000万美元上升至2003年的2700万美元，2004年的3200万美元，以及2005年惊人的4800万美元，在4年时间里翻了不止一番。

2006年是另一个重大的里程碑。当年第三季度，创意电子公开上市，在台湾证券交易所发行了股票。

公司的运营部门高度关注高新技术。2007年，公司开发出一套尖端技术数字化设计工具，不久后又获得低功耗设计工具。这让公司的设计规模大幅提升，许多设计中门电路数量呈指数级增长。2009年，面对行业局面的萎靡，创意电子大力投资内部的知识产权模块开发，尤其是针对网络通信市场领域，表现得对未来信心满满。

这一时期的繁荣与发展，可以通过一系列指标展示。2006年营业收入相比2005年的4800万美元翻了一番还多，达到1.03亿美元，

2007年又翻了不止一番,达到2.16亿美元。2008年,营业收入提高到2.95亿美元,在2009年的经济萧条期跌至2.52亿美元。2008年,高新技术收入在总营业收入中的占比提高到21%,2009年则上升至34%,其中1%来自顶尖的40纳米产品。同所有技术公司一样,创意电子在2009年显示出经济衰退的迹象,营业收入跌至2.52亿美元。

然而,公司在2010年里迅速反弹,营业收入达到3.27亿美元,高新技术收入占比42%。这也是幸运的一年,经济萧条检验了公司的商业模式,创意电子开始制定一系列战略决策,抓住了投资半导体产品设计的新时代契机。

作为半导体行业的一股革新力量,创意电子的发展同样体现在员工的数量增长上,以应对技术日益复杂的变化。2003年末,创意电子拥有132名员工,主要集中在台湾。三年后人数翻了不止一番,达到287人,2010年初则为484人,而后基本稳定在这一规模,直到2013年末业务覆盖区域的扩大,再次拉动了员工数量增长。2004年2月,创意电子设立第一个国际办事处,在北美成立子公司(创意电子北美),2005年6月又设立日本办事处。大约3年后,在2008年5月,公司在荷兰阿姆斯特丹设立第三个国际办事处"创意电子欧洲",一个月后又设立了韩国办事处。2009年,创意电子在上海附近的一个国家级技术中心设立办事处,进军快速增长的中国市场。

未来的半导体行业,成功很大程度上取决于利用行业中第三方成熟基础设施的能力。代工厂位于基础设施的前端,为八方来客提供最先进的工艺技术和其他专业技术。知识产权和芯片设计流程同样可以外包,追求技术与资本的最大利益化。

正是在这种振奋人心的新行业环境中,创意电子发展出弹性化的专用集成电路模式(Flexible ASIC Model),旨在为半导体行业打造最高效、最具弹性的优质创新空间。

弹性化专用集成电路模式的产生,是对当今半导体公司面临的商业与技术挑战的回应。凭借这一模式,公司可以更高效地配置资源,将设计技术、系统知识和制造资源整合在一起,推动集成电路最终产品的交付。这一模式的基本策略是分散设计风险,在半导体领域实际投资资本与人力资源之前,尽可能压缩集成器件制造商、无厂化公司和贴牌加工厂的规模。该模式的目标是提升创意到交付全价值链的效率,缩短开发流程中各环节的耗时时长,最终提升产品的产出质量与可靠性。

弹性化专用集成电路模式的核心是制造一体化。创意电子做出了一项战略性决策,只与半导体行业中处于领先地位的代工厂台积电开展合作。创意电子之所以能及时把握高新技术发展的动向,使设计与实际制造资源相匹配,这一合作关系发挥了必不可少的作用。

聚焦:张忠谋博士

戴尔改变了个人电脑的制造与销售模式,星巴克改变了人们愿意为一杯咖啡支付的价格,亿贝(Ebay)让人们走出各家庭院销售旧货。台积电将半导体制造成本从业内各公司的资产负债表中移除,也免去了相应的资本投资需要。

对于台积电创始人、董事长,最近刚辞去首席执行官职位的张忠谋(Morris Chang)博士,如何称赞他的行业影响都不为过。他引领商业模式的创新影响深远,同时还为公司赢得了近50%的代工市场份额。

张忠谋于1949年离开家乡中国,远赴美国就读哈佛大学,不久后因对技术的兴趣转学麻省理工学院。1953年在获得麻省理工学院的机械工程硕士学位后,张忠谋直接进入半导体行业,在西尔瓦尼亚半导体公司(Sylvania Semiconductor)担任工艺工程师,很快便进入公司的管理层。

1958年,张忠谋加入德州仪器公司,在那里工作了25年,晋升为全球半导体事业部的副总裁,并于1964年获得斯坦福大学的电子工程博士学位。在职期间,张忠谋参与了一个制造环节由IBM完成的四晶体管项目,接触了半导体行业早期的代工合作模式。不仅如此,他还发展出一套降低前期利润的半导体定价思路,新思路可以赢得市场份额,提高制造成品率,最终获得更高的长期利润。

张忠谋于1983年离开德州仪器,在通用仪器公司短暂停留后又回到台湾。他开始担任工业技术研究院(ITRI)领导人,其后正是这家研究所创立了台积电。

20世纪80年代初在德州仪器和通用仪器工作期间,张忠谋注意到,顶尖的工程师纷纷离开公司创办半导体企业。不幸的是,半导体制造的高额资本需求成为一道门槛。当时创立半导体公司,不包括制造业务需要500万至1000万美元的启动资金,包括制造业务的话则需要5000万至1亿美元。某些创业公司利用了集成器件制造商的过剩产能,但也面临代工产能波动带来的不确定性,有时还要向竞争对手购买晶圆。差不多在1985年前后的这一时期,第一批真正意义上的无厂化创业公司,如赛灵思和芯片技术公司成立了,发展势头良好。

1987年正值无厂化模式呱呱坠地的阶段,张忠谋创立了台积电。台积电虽然比当时的半导体制造商,即传统的集成器件制造商,落后两个技术节点,但纯晶圆代工厂而非竞争对手的身份却有着特殊优势。台积电的关注点是客户。

创业初期,张忠谋凭借一本小册子《台积电核心价值:诚信、承诺、创新、合作》,开展电话销售。四五年后,台积电只落后一个技术节点,订单蜂拥而至。

张忠谋博士,2007年

10年后,台积电赶上了英特尔以外的集成器件制造商,无厂化行业蓬勃发展,催生出半导体设计制造的新时代。最近20年直至今日,仍属于集成器件制造商模式的半导体公司,因为成本高企,难以应对技术挑战,在28纳米和更尖端的技术节点都被迫采用了无厂化或轻晶圆厂模式。

2013年7月10日是张忠谋博士的82岁生日。作为创始人兼董事长,他依旧全职领导着台积电的运营,和大多数员工一样,早上八点半上班,下午六点半收工。他认为,一家成功的企业应该拥有这样的生命阶段,快速扩张、巩固发展、成熟运营。他个人的人生经历,似乎也与此完全吻合。

自述：格罗方德
Globalfoundries

格罗方德是行业里最年轻的纯晶圆代工厂。本篇讲述格罗方德的历史、使命与未来走向。

20世纪80年代首次出现的无厂化半导体模式，全面推动了电子行业的创新发展与效率提升。当时的集成器件制造商发现，将过剩的制造产能出售给小型芯片设计公司也是一门生意。80年代中期出现的"纯晶圆"代工厂深化了这一模式，使得一家家如今在半导体行业里最负盛名的开创性企业脱颖而出，它们包括高通、博通、迈威（Marvel）、赛灵思以及其他许多公司，苹果和微软这样具前瞻思维的厂商自然不在话下。

的确，"好汉都有晶圆厂"的时代似乎已成为遥远的回忆。如今，一家晶圆厂的建设成本超过50亿美元，工艺技术也正往10纳米以下进发，市场窗口期按周而非年来计算。

同所有充满活力的市场及商业模式一样，集成电路的制造模式一直在变。虽然可以说，经过30年的发展，代工模式经受住了时间的考验，但为了应对半导体行业此起彼伏的技术和经济挑战，模式自身也必须进化。2012年，移动端产品首次超过个人电脑成为最大的半导体市场，这凸显出某种巨变，电子行业生态正在发生重塑，促使人们再度打量供应链。加上超乎想象的技术推力和捉摸不定的价格标签，显然，那些无法适应半导体制造领域这些变化因素的企业前景黯淡。

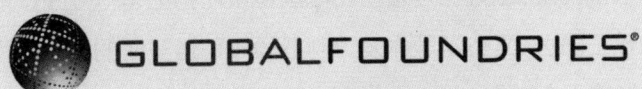

正是在这样的背景下，一些远见卓识者在21世纪的最初十年之末设想出代工模式的新路子。虽然在摩尔定律永不停歇的驱动下，技术演化一直稳步向前，但代工模式自30年前诞生以来还从未有过大的变化。行业人士认为，代工模式须有显著改进，才能更好地应对眼前的挑战。整个行业需要一次蜕变升级，一种新的思维，而且重要的是，产生出了一种更为全球化的业务运作模式，姑且视之为代工厂2.0。格罗方德于2009年成立时，便深谙这一远景。

未曾想到的是，升级蜕变的关键点恰恰在于此前被代工厂瓦解的业务模式，集成器件制造商模式。格罗方德的创始人认识到，从一开始的架构层起，设计流程便应该与应用制造建立起更为紧密的联系。代工厂1.0模式"各管一摊"的做法不再奏效，密切协作被当成应对眼前挑战的唯一途径。

因此，格罗方德的发源主要可以追溯到一家世界领先的集成设备制造商，也就不足为奇了。2008年10月，超威公司发布新战略，专注于半导体产品开发的设计环节。为实施这一战略，超威与阿布扎比酋长国的先进技术投资公司（Advanced Technology Investment Company，ATIC）成立了合资公司，旨在打造世界上第一家真正意义上的全球化代工厂。

2009年：代工厂2.0诞生

2009年3月4日，格罗方德作为一家新合资公司正式成立，它将超威公司领先的半导体制造能力与先进技术投资公司的雄厚资本结合起来，这一全新的全球化代工厂拥有约3000名员工。就这样，格罗方德正式进军代工业务，一开始便在德国德累斯顿拥有一处生产能力有保障的代工园区，又有半导体设计制造领域积累多年的成熟经验。超威成为其第一个客户。

除了超威，其他客户也接踵而至。2009年，公司宣布获得多个新客户，并与安谋、意法半导体及高通等公司建立起战略合作关系。

同年6月，格罗方德开始迈出执行公司战略的关键一步。在纽约萨拉托加县，公司最新的300毫米晶圆厂"8厂"破土动工。它号称要比此前所有的半导体制造工厂更为先进，事实上也的确如此。

收购特许半导体

2010年1月，公司宣布完成对特许半导体公司的并购，后者是位于新加坡的一家全球化半导体代工厂。特许公司当时拥有近7000名员工，大部分在新加坡的6家晶圆厂里工作。收购特许公司后，格罗方德增添了150家客户，在主流和顶尖技术领域都拥有了世界级生产能力，这让公司可以为全球客户提供技术变革的新平台，共同打造出属于当前与未来的半导体产品。

一夜之间，格罗方德已跻身世界代工厂前三强，引起行业瞩目。特许公司带来了宝贵的代工模式经营经验，这弥补了公司自超威承继而来的集成器件制造商特性的不足。与此同时，特许公司擅长构建合作伙伴关系。格罗方德在开创性的通用平台联盟有了一席之地，它与IBM、三星等公司一同倡议，将芯片厂商与客户的合作关系推上新台阶。收购特许公司还带来急需的产能，打开了通往更多应用领域的大门。新加坡运营团队将继续在公司的战略中起到关键性作用。

2011年，格罗方德大步前进，客户数量持续攀升。超威公司第四季度的32纳米处理器出货量相比第三季度增加了80%，这让公司在制造领域树立起一个个意义重大的里程碑。事实上，格罗方德是2011年唯一一家高介电常数金属闸极晶圆出货量以十万计的代工厂。

新时代，新领导

尽管存在成长初期的种种困难，公司各方面都全心关注发展，努力实现愿景。为此，2011年末公司任命阿吉特·马诺恰（Ajit Manocha）为首席执行官。这位能力出众的领导人拥有30多年的半导体从业经验，曾在飞索（Spansion）、恩智浦和美国电话电报公司微电子部担任高管。马诺恰定然可以将公司稳稳带入下一个发展阶段。他深刻理解协作的价值，迅速将这种理念深深植入公司文化。"协作化设备制造"（Collaborative Device Manufacturing，简称CDM）成为格罗方德以代工厂2.0的名义广为推崇的新模式，受到业界知名客户与合作伙伴的欢迎。2014年1月，桑杰·贾（Sanjay Jha）就任首席执行官，马诺恰重新回到公司股东顾问的角色。贾拥有移动通信从业背景，在高通任职多年，也曾担任摩托罗拉移动公司的首席执行官。毋庸置疑，移动通信是当今最大的半导体市场，未来仍将快速发展。

尖端技术领先全球

在代工行业，格罗方德的地位无人能及。其业务范围遍布全球，拥有领先的制造工艺与技术能力，镇司之宝是位于新加坡、德国和纽约萨拉托加县新园区的300毫米和200毫米工艺设施。第三方机构执行的周期性基准检测结果多次显示，格罗方德晶圆厂的各项主要指标处于全球领先水平。格罗方德凭借多个领先的制造园区和全球协作研究体系，推出的新技术工艺拥有高于代工行业普遍水平的成熟度，在行业中能最快完成爬坡量产。

1号晶圆厂：德累斯顿

业界认为，德累斯顿厂区是世界上最成功的尖端半导体产地之一。1号厂是德国规模最大的国际投资项目之一，截至目前总投资超过70亿美元，拥有3000多名世界级的工程师、技术员和专业人员。

7号晶圆厂：新加坡

格罗方德在新加坡拥有两个制造园区。其中，四家200毫米晶圆制造厂（2、3、5、6号晶圆厂）和一家300毫米晶圆制造厂（7号晶圆厂）位于兀兰，另一家200毫米制造厂（3E号晶圆厂）位于淡滨尼。

新加坡园区正启动长期战略规划升级制造设施，以应对快速发展的"超越摩尔"技术领域的需求，如微电机系统、射频、模拟/混合信号，技术节点从180纳米到40纳米不等。

8号晶圆厂：纽约

过去20多年里，半导体代工产业逐渐将业务增长和新厂投产的焦点瞄准了亚洲。与这一盛行趋势背道而驰，8号晶圆厂是建于美国的第一家尖端半导体代工厂，也是世界上规模最大的新型制造厂区之一。该项目是纽约北部"科技谷"振兴计划的主要推力，也是高新制造业助推美国经济的明显例证。在该地曾有众多制造厂屡获殊荣的光荣史上，格罗方德打算续写一笔，在纽约北部的路德森林科技园区建设世界上最先进的半导体晶圆厂。

公司成立不到3年，在纽约北部投资的数十亿美元和建立的大规模合作网络于2012年开始获得成果。当年1月，格罗方德利用IBM的32纳米硅绝缘技术（Silicon-On-Insulator，简称SOI），开始在8号晶圆厂制造首批消费类硅产品。这项技术由格罗方德与IBM工艺开发联盟的其他成员共同开发，早期曾在奥尔巴尼大学及纽约州立大学纳米科学与工程学院开展研究。

2012年7月，为了满足对28纳米节点产品的强劲需求，格罗方德宣布将8号晶圆厂1期无尘室扩建90 000平方英尺。扩建后的8号厂无尘室面积将近300 000平方英尺，这块顶尖的半导体晶圆制造空间相当于6个足球场大小。扩建工作于9月启动，预计2013年12月可以完工。

格罗方德积极打造合作网络，大力投资研究开发，凭借技术上的创新持续扮演着不可忽视的角色。它已建立起良好的行业地位，正野心勃勃地铺开突破10纳米继续前进的路线图。它也践行诺言，发布了业内首款14纳米模组。模组使用突破性的鳍式场效应晶体管技术，计划投入迅速发展的移动应用市场。可见，公司正沿着前沿领域的路线图加速前进，利用三维鳍式场效应晶体管为客户创造性能更强、功耗更低的产品，这既降低了风险，又能缩短上市时间。

此外，格罗方德于2012年开始量产20纳米技术的产品，28纳米产品也获得了广泛应用，成品率不断提升。到那年年底时，显而易见，公司在技术方面的雄心不会甘居任何公司之下。

真正的市场领袖诞生了

2012年年中，格罗方德超越了直接竞争对手，在代工厂行业排名中稳居世界第二位。代工市场全面持续发展，推动着公司业务成长，独特的经营模式也使公司客户数量以可观的速度迅速提升。

《集成电路洞察》于2012年发布的一篇报告对格罗方德意义重大，其中，公司的排名上升了6位，首次进入集成电路20强。报告强调，格罗方德相比2011年的营业收入将增长31%，成为世界上发展最快的半导体公司。报告大力称赞格罗方德的开创性举措，认为"格罗方德目前营业收入激增，主要动力明显源于成功地吸引到集成电路的代工新客户"。

专注协作化技术开发

2013年1月，格罗方德宣布在8号晶圆厂园区新建一所全球研发机构。这一崭新的技术开发中心将在公司战略中发挥关键作用，催生创新型半导体解决方案，帮助客户获得领先的技术竞争力。

该中心将拥有各类开发和制造场所，支持面向新技术节点的过渡，同时，也会寻求在压缩晶体管尺寸这一传统方法之外开辟新路径，为客户创造价值。中心的首要目的是为格罗方德提供协作空间，开发硅技术全领域各种端到端的解决方案，从三维芯片堆叠所需的互联与封装技术，到用于极紫外光刻的尖端掩模版，以及介于两者之间的其他技术方案。

中心需要花费近20亿美元的投资，意味着格罗方德在8号晶圆厂园区的总投资将近80亿美元。建设工作于2013年初启动，预计2014年末可以完工。

有了8号晶圆厂，格罗方德如今在全球运营着3家300毫米晶圆厂，分布在德国、新加坡和纽约的园区里，为客户提供先进的32纳米、28纳米节点产品的量产服务，同时也在开发20纳米、14纳米和更小尺寸的工艺技术。此外，格罗方德还在新加坡运营5家200毫米晶圆厂，为全球客户提供多样化的制造技术选择。

代工厂2.0：当下与未来

行业观察者大多认为，格罗方德开创了史无前例的全球代工模式，独辟蹊径地利用世界资源，以求有效满足世界市场的需求。自成立以来，公司大力投资推动真正的全球化运营，制造厂区分布三个大陆，确保供应可靠又富有弹性。如今，格罗方德全球员工超过13 000名，在德国、美国和新加坡都建有制造中心，正以其他代工厂难以企及的速度为市场提供大规模、高良率的高新技术产品。

这一全球制造模式的背后，是分布于美国、欧洲与亚洲的多个大型研究、开发与设计机构，还有阿布扎比酋长国的多个办公室和设在硅谷的公司总部。这些机构联合起来的作用对半导体代工厂而言可谓史无前例，在行业内也是绝无仅有。

具有终极又或许是象征意义的里程碑出现在2013年,超威将持有的剩余14%的股份从格罗方德完全剥离,后者终于完成了从集成器件制造商到代工厂的转变。成立短短四年后,格罗方德便完全归先进技术投资公司所有,巩固了世界第二大独立半导体代工厂的地位,谱写出行业历史的新篇章。

第六章
电子设计自动化

毫无疑问，电子设计自动化（Electronic Design Automation，简称EDA）已经成为无厂化半导体行业的关键推动力。两者的关系与其说是尾巴之于狗，不如说是心脏之于大象。心脏体积虽小，没了它大象也无法生存。本章中，我们将层层展开（以人工方式），讲述我们眼中的电子设计自动化的历史，带领读者了解半导体设计的5个历史阶段。

EDA，第一阶段

从集成电路诞生到20世纪70年代中期，芯片设计全部采用人工方式完成，设计、布线、功能验证和掩模版制作都没有用到自动化工具。用于光刻的掩模版，实际上是在一种名为"红膜"（Rubylith）的自黏红色塑料薄膜上，利用X-ACTO修补刀人工刻成的。红膜已经不再用于集成电路的制造，但平面设计的其他许多领域依然用它制作蒙版。过去进行集成电路设计时，先根据晶体管和互联电路的位置，将红膜贴到透明的纸或塑料上，完成缩版后便可获得掩模版。随着芯片体积增大，这一做法变得越发笨拙，一方面是所需红膜的数量激增，另一方面是粘贴红膜的纸张面积过大。显然，人们不久就需要用上某种自动化工具。

大概就在20世纪70年代中期，三家公司开始提供布图自动化服务，它们是卡尔马（Calma）、艾普利康（Applicon）和计算机视觉（ComputerVision）。这便是EDA行业的第一阶段。这几家公司的产品用计算机系统取代了手工设计布图，设计师可以在屏幕上勾勒出掩模版的轮廓。将设计交付生产时，软件会将布图存放到磁带上,光绘机将据此制作实际的掩模版。这一过程被称为流片,虽然磁带已经少有人用,电子束掩模制造机也取代了光绘机,将设计交付生产的环节如今依然被称为流片。流片意味着数月甚至数年的工作告一段落,此时已经没有回头路可走。这是一场数百万美元的赌局,要让每一处交叉点都被刻出。

长期以来,高度复杂的芯片设计工作一直需要计算机软件的辅助,以便进行芯片行为仿真、物理布局设计、功能验证,确保设计顺利交付生产。这些功能多样、技术先进、用于开发各种芯片的程序被称为EDA软件。

最初的EDA公司卡尔马、艾普利康和计算机视觉,将软件与布图硬件进行捆绑销售。因此,EDA行业的业务模式是一种基于硬件的模式。客户购买硬件后,每年支付维修费保持设备运转。即使在EDA成为纯软件业务后,这一模式依然在行业中持续多年。人们甚至一度担忧,硬件价格下降也将拉低软件的价格,因为两者常常捆绑在一起。20世纪70年代与如今不同,那时软件的价格低于硬件。因为这种软硬件价值的相对关系,EDA行业担心,客户不会愿意为运行在硬件上的软件支付更高的价格。这样的想法如今听来也许有些滑稽,因为计算机硬件已经成为日常商品,而EDA软件及其他类似数据库的企业级软件,其价格往往是硬件的数百倍。

直至1980年前后,半导体设计都是半导体公司的工作,由它们决定要造出什么类型的芯片,然后系统公司购买芯片用于设计产品。除了布图软件和某些电路仿真工具外,其他大部分设计软件主要由公司内部的计算机辅助设计(CAD)团队开发。

例如,惠普公司自行开发了"集成图形系统",名为HP-IGS。行业资深人士兰迪·史密斯(Randy Smith)的第一份EDA工作就是开发HP-IGS。他说当时的软件运行环境是HP3000计算机,一款高达6英尺的商用计算机,图形则在HP1000微型计算机上处理并显示出来。

高度自动化水平是公认的竞争优势,公司内部软件则属于"秘密武器"的一部分。但一切即将改变,而变革最初的催化剂主要是一本极具影响力的书。

EDA，第二阶段

1980年，加州理工学院的卡弗·米德与施乐帕洛阿尔托（简称施乐帕克）研究中心的林恩·康韦出版了《超大规模集成电路系统导论》。该书首次表明，半导体公司外的人也能接触到集成电路的设计细节。忽然间，大学、研究中心和系统公司开始考虑自行设计芯片，而非从半导体公司购买。虽然当时的芯片只能容纳5000个门电路，规模还不足以支撑大多数有趣的系统，但摩尔定律有关门电路数量每两年翻一番的基本原理在当时已经得到认可，其含义也日渐清晰。半导体技术将不断发展，对人们生活的作用不可限量。任何电子系统最终都将通过几块芯片实现，价格也低廉。

《超大规模集成电路系统导论》一书出版后，计算机科学家们纷纷涌入集成电路设计领域。半导体公司的超大规模集成电路设计者往往对电子工程和半导体工艺有着深刻的理解，计算机科学家却不同，因此他们采取的方式更为直接。他们开发出简化的抽象模型，尤其是分层架构，进而降低芯片设计的复杂度。即使有卡尔马之类的计算机辅助布线系统，过去的设计方式仍然无法应付门电路数以千计时的日益复杂的设计，更不用说根据摩尔定律的预测未来将出现的门电路数以万计、十万计的芯片了。

潮水般涌来的计算机科学家开发出的抽象模型，推动了半导体行业一次极其重要的演变，专用集成电路诞生了。这是为特定用途开发的芯片，不同于当时半导体公司开发的通用芯片。

正如我们在讲述专用集成电路的章节中提到的，专用集成电路公司最初都自行开发多种设计工具，但随着设计流程日渐标准化，更为通用的专用集成电路开发理论出现了。专用集成电路设计流程主要分为两个独立的部分：前端与后端。从当时直到如今，前端设计都是由系统公司完成的，包括芯片架构设计和仿真。系统公司为设计方案选择标准元件库，再利用特殊的图形软件工具完成具体的连接方案。（标准元件指的是完成一项逻辑或存储功能的一组晶体管,以固定高度的组件定型于芯片上。)

系统公司利用仿真软件,确保设计能实现预定功能。然后系统公司会将元件库及它们的互联方式,以被称为网表的形式,发往专用集成电路公司,供它们进行芯片物理设计,也就是后端设计。

由于最初的专用集成电路方法论将设计流程一分为二,系统公司完成前端设计,半导体公司完成后端设计,两种截然不同的EDA公司蓬勃发展起来,如今的业态依然如此。

这时的业内设计流程划分为前端与后端,芯片复杂度在持续提高。这两种因素都推动了专用集成电路的设计流程在各个方面日趋专业化,为EDA领域出现的一批新公司打开了大门,包括戴斯(Daisy Systems)、明导与华乐(Valid Logic Systems)。

三家公司开发的工具服务于前端设计,主要是原理图编辑与仿真。戴斯与华乐继续采用卡尔马公司的商业模式,将硬件与自家软件捆绑销售。然而,明导公司开发的软件却运行在阿波罗公司(该公司后来在1989年被惠普收购)生产的工作站上。行业发展的初期,三家公司提供的软件功能类似,都用于原理图绘制和设计功能仿真验证。

后端设计从网表、时序和流程信息入手。借助某些专用集成电路公司自行开发或西尔瓦(Silvar-Lisco)和腾正(Tangent Systems)等EDA公司提供的软件,可完成标准元件和信号通路布放。这些EDA公司掌握着外界难以精通的布放和通路算法。

版图设计领域最初的三家大公司卡尔马、艾普利康与计算机视觉,都未能转型适应专用集成电路的设计新模式,在那里,版图设计与取代了手工操作的自动化布局布线成为关键的使能技术。三家公司最终都被收购,开发的技术悉数滑入历史的垃圾桶,只有一项例外。

未被遗忘的技术来自卡尔马,简单地被称为图形设计系统(Graphic Design System,简称GDS),发布于1971年。1978年发布的第二版,顺理成章取名为GDSII。当时,计算机硬盘无法保存所有开发过程中的设计,系统间也没有良好的网络环境,因而设计数据都以GDSII流的格式保存在磁带中。这本质上是一种日常备份的格式。版图设计师多为女性,会将设计文件保存到空白的系统磁盘上。这种GDSII格式成为系统间设计数据传输的实际标准。令人惊讶的是,作为不同软件之间或设计公司与掩模版工厂之间传输设计数据的一种标准格式,GDSII直到近40年后才开始被名为OASIS的新标准取代。

20世纪80年代末,许多半导体设计都采用专用集成电路的模式完成,系统公司负责前端,半导体公司负责后端物理设计。这便是EDA行业的第二阶段。

EDA,第三阶段

两种因素催生了EDA行业的第三阶段。首先,对半导体公司而言,自行开发布局布线软件工具已成为不可取的方案,因此越来越多的公司转而选择从外部EDA公司购买软件。其次,系统公司除了前端设计外,也可以自行完成后端设计,因此它们不再高度依赖专用集成电路公司来完成设计的物理布图工作。

这两股趋势意味着,EDA产业不再仅仅关注戴斯、明导与华乐擅长的前端设计方向,注意力开始转向能完成更复杂物理设计的软件产品。

在EDA产业的第三阶段,最重要的公司是铿腾。事实上,铿腾源于此前两家公司的合并,即SDA与ECAD,两者开发的是物理布图及布图验证软件。铿腾成为定制芯片设计领域的主导企业,在1989年收购腾正后,又成为布局布线市场的领头羊。

正如卡尔马、艾普利康和计算机视觉在EDA行业第二阶段的初期不见了一样,戴斯、明导与华乐也被铿腾等新型EDA公司所取代。1988年戴斯与凯奈特公司(Cadnetix Corp)的合并实为失策,不久便停业倒闭。一个有趣的插曲是,鹰图公司(Intergraph Corp)于1990年收购倒闭的戴斯,而在1989年铿腾收购腾正前,鹰图一直是腾正的母公司。铿腾还于1992年收购了华乐。鹰图在它新成立的子公司维里栢（VeriBest）应用了戴斯与凯奈特的技术，而维里栢于1999年被明导收购。理清线索了吗？三家公司中，只有明导一路持续运营下来，但也为了适应新时代，在多年时间里不断进行着调整重构，业务范围直到近几年才完整地覆盖了物理设计与验证工具的全领域。

行业第三阶段还要提及两家意义重大的公司，盖威（Gateway Design）与亚斯（Arcsys）。盖威开发出 Verilog 仿真语言，并推出了性能优越的仿真器。两家公司在1989年被铿腾以7200万美元收购，这在当时似乎是一笔巨款。事后看来，这是EDA行业历史上最成功的收购之一。Verilog在行业的第四阶段显得极其重要。

亚斯成立的目的，就是与铿腾在自动化布局布线领域展开竞争，这是当时EDA行业里规模最大、利润最丰厚的板块。1995年，亚斯收购了从事物理设计验证的公司集成芯片系统（Integrated Silicon Syatems，简称ISS），将其改名为阿凡提（Avant!，发音为"ah-VAHN-tee"）。在物理设计领域，亚斯与阿凡提是仅次于铿腾的公司。

亚斯与阿凡提后来声名狼藉，因为第一款产品采用了从铿腾偷来的底层数据库源代码。这引来了联邦调查局的突击搜查，而多年的刑事与民事诉讼也以牢狱之灾和数亿美元的赔偿罚款告终。

EDA，第四阶段

在EDA行业的第三阶段，大多数半导体公司使用的内部工具都换成了铿腾与阿凡提开发的软件。设计模式在第四阶段开始朝综合工具方向转变，而综合工具设计直到20世纪90年代中期才成为业界主流。除了模拟电路和其他某些专业领域，基于电路图的图形化设计都被基于编程语言的综合设计所取代，设计效率获得惊人的飞升。新思赢得了这片市场，但一开始曾存在着多项相互竞争的技术，如SILC、Autologic、Trimeter，等等。很久以后，铿腾也试图自行开发取名为"Synergy"的综合工具，但一直未获成功。

新思一步步开展起逻辑综合工具的业务。先是开发出逻辑优化工具，可将网表从图形化电路版图中取出并进行优化，又推出了Verilog语言文件读取工具，能自动生成与功能相对应的网表并做进一步的优化。这种基于逻辑综合的设计方法依然是今日主流，而综合工具在性能、规模及其他维度都得到了改善。

1998年前后，EDA行业在第四阶段末期呈现出这样的态势：铿腾在定制化设计领域居于主导地位；在布局布线市场铿腾与阿凡提平分秋色；明导、铿腾与新思都推出了仿真产品，其中新思统治了市场；铿腾是物理设计验证板块的领先者，阿凡提与明导也推出了自己的产品。

EDA, 第五阶段

EDA行业的第五阶段一直延续到今天，这是EDA公司全业务的时代。20世纪90年代中期，大多数半导体公司在设计流程的各阶段都用到了多种工具，这些工具需要从多家EDA公司购买。这种策略实为必要，因为没有一家EDA公司能够提供它们需要的所有工具。例如，新思与明导没有布局布线工具，铿腾在综合工具领域毫无建树。光靠一家EDA公司的工具走完整个设计流程是不可能的。

为了提供全流程软件工具，铿腾分别在1998年向安比特（Ambit）、2003年向格特奇公司（Get2Chip）购买综合工具的技术。新思于2001年收购阿凡提，后者终于走出了法律困境。明导开发布局布线工具、丰富产品线的步伐相对缓慢，但当其物理设计验证软件"Calibre"几乎在一夜之间就取代了铿腾的"Dracula"成为行业标准时，一切都获得了回报。

随着EDA公司开始提供设计流程需要的全套软件，半导体公司也抛弃了以往从多个公司购买一流软件用于不同流程环节的做法，开始挑选单一的主要供应商，一般是铿腾或新思，并辅以明导"Calibre"等其他工具。业务模式也从销售单项软件授权转变为海量功能的套装，有时也被称为"自助餐"。并非每家公司都能顺利地接受新的许可条款。在此期间，新思取代铿腾成为EDA市场的领导者。

在这一时期,一家名为"微捷码"(Magma Design Automation)的新公司于1997年成立。微捷码从一开始便致力于研究将综合工具与物理设计融合的新算法,提供一体化的"物理综合"产品。2001年上市前,微捷码利用超过1亿美元的风投资金,在众多EDA公司围挤的压力下收获了一些客户。微捷码拓宽了产品线,加入了自行开发的电路仿真和定制设计工具,但规模上一直无法达到行业的领先水平。几次商业决策失利后,微捷码的营收大幅下滑,2012年被新思公司以5.07亿美元收购。在SemiWiki.com网站上,读者可以找到EDA行业完整的并购交易清单。

在EDA的发展史上,一些获得风投的小型创业公司做出了大量创新。收购向来是EDA创业公司的退场良策。一般情况下,大型EDA公司会等到小公司的技术能力得到市场认可后,再将其收购。大公司或多或少都难以开发出全新产品,在市场上销售新产品则难度更大,因为当销售转向套装捆绑模式后,为不够完善的产品单独销售许可的市场空间不复存在。电子设计自动化行业大体上发生的就是公司剥离、创业与收购。行业因此充满创新,也不乏算计。一个全新的产业可能会出现,为大家提供收购与被收购的预测服务。

2008年至2012年间,EDA创业公司获得的风投资金大幅减少。一则明导公司跟踪获得的消息称,EDA行业获得的风投资本从2007年的1.69亿美元下降到2010年的2900万美元。大量资金流向了回报率更高的社交媒体领域。与此同时,现代芯片设计中频繁出现的棘手技术难题成为前车之鉴,让投资者纷纷掩面而退。EDA创业公司面临着巨大的技术挑战,推动其发展尤其是将其引上市场轨道也成本巨大。即便如此,依然有证据表明风险投资正回归EDA行业,相比无厂化公司,EDA创业公司数量更多。其中一个原因是,虽然EDA行业的投资回报率历来只算是马马虎虎,但创业所需的资金成本也很少。如今,高性能笔记本电脑使用方便,咖啡馆里也能办公。

EDA创业公司寻找解决方案时往往面临巨大挑战,摆在眼前的难题诸如设计三维芯片,应用双重或三重图形技术,的确让小公司无力应对。为了应对这些技术挑战,公司必须对设计流程涉及的数十种工具进行调整,只在现有流程中简单加入某种工具并不能解决问题。因此,如今的创新大多发生在大型EDA公司,然后直接推向客户,因为每个新工艺节点都不可避免地需要对所有设计工具进行大规模修改。例如,用于28纳米工艺的设计工具并不适用于20纳米工艺。

2013年初,EDA行业拥有三大巨头,还有数十家生机勃勃的小型创业公司在一旁扮演配角,若换个算法,这一数量还可能达到数百家。此外还有三家中型的EDA公司:安传达(Atrenta)、阿帕奇[Apache,安世公司(ANSYS)的子公司]与西瓦克(Silvaco)。读者可在SemiWiki.com网站上了解这些公司的历史。

接下来三篇由三巨头写就,它们是新思、铿腾与明导。我们邀请三巨头自行讲述各自的历史,包括创立公司和融入EDA行业的过程。

自述：明导
Mentor Graphics

明导是目前仍在运营的历史最长的EDA公司。在过去三十多年的时间里，明导见证并推动了技术与商业模式的种种变革。本篇中，明导将分享公司的历史与技术发展，讲述其在当前的EDA业态发展中充任的角色。

1981年，时值"吃豆人"(Pac-Man)游戏席卷全美，第一艘航天飞机升上高空。俄勒冈州的一小群工程师开办了一家新公司明导图像，还与其他几家公司一同催生出一个全新产业，那就是电子设计自动化。

明导公司的创始人汤姆·布鲁格尔(Tom Bruggere)、格里·兰格勒(Gerry Langeler)和戴夫·莫芬贝尔(Dave Moffenbeier)放弃了泰克公司(Tektronix)安稳舒适的工作。泰克是当时俄勒冈州规模最大的电子产品制造商。三十多岁的他们头脑灵活、野心勃勃，决心要在计算机绘图这一新领域施展抱负。

三人迅速瞄准了前景可观的计算机辅助工程(Computer-Aided Engineering，简称CAE)市场。该市场主要为设计复杂电子系统(包括印制电路板)的工程师提供开发电路图绘制与功能仿真的自动化工具。创业初期的几个月里，三人四处奔波，了解多家高科技公司正面临的技术挑战。在此期间，初步想法显露雏形。三人最终决定专注于开发CAE软件，使用市面上常见的工作站作为硬件平台。当时，其他EDA公司都固守长期以来形成的商业模式，同时设计软硬件，提供垂直整合的解决方案，竭力让宝贵资源覆盖到两大领域。

创始人的这一决定从多方面看实为冒险，而且关键在于选择阿波罗工作站作为硬件平台时，市面上还只能看见它的技术规格。三人与阿波罗的创始人私交甚密,坚信阿波罗能按时开发出这款新型计算机,兼具大型机的并行操作特点与专用小型机的任务处理能力。这一场精心策划的冒险得偿所愿。在商业化硬件平台上从零开始按特定客户的需求开发软件,事后证明,这是在创业初期相比其他刚起步的CAE竞争对手的关键性优势。

明导公司创始人合影。从左上角按顺时针旋转方向依次是:查理·索吉(Charlie Sorgie)、戴夫·莫芬贝尔、史蒂夫·斯维林(Steve Swerling)、汤姆·布鲁格尔、杰克·本内特(Jack Bennett)。坐在地上的,从左边起依次是:格里·兰格勒、里克·萨穆克(Rick Samco)、肯·维勒特(Ken Willett)、约翰·斯特曼(John Stedman)

阿波罗计算机于1981年秋发布后,明导工程师着手开发软件。他们的目标是在第二年夏天拉斯韦加斯举办的设计自动化大会上推出第一款交互性仿真产品"IDEA 1000"。由于不希望人们在经过展台时无视他们的产品,创始人租下了一间酒店套房,邀请参会者参加他们举办的单独展示。事实上,他们将邀请函塞入了凯撒宫酒店的每一道房门。之所以向度假客和参会者通通派发邀请函,是因为公司并不清楚参会者究竟住在哪些房间。最终,明导的试样展品深受好评,起码对参会者而言效果是这样。

创始人之一的格里·兰格勒仍然清楚地记得人们对试样的反响：

"我负责讲解，一名工程师敲击着CAE工作站的键盘，展示的软件功能完美无瑕。我看着人们的表情从兴趣寥寥到聚精会神，再到目瞪口呆、不敢相信，最后毫不掩饰他们的赞许之情。我看到潜在客户成功得到转化。消息传开后，人们纷纷涌向套房，站在走廊里伸长了脖子，只为看一眼我们的展品。大会期间，可能有一半代表团找到了我们的套房。紧接着我们收到了一项大奖。就在套房里，有人决定购买一套系统。自己的劳动成果有客户认可，我们由衷感到欢喜。"

不久后，IDEA 1000扩展包括了整套功能，设计复杂硅芯片或印制电路板的工程师们对此大加追捧。这些工具的出现恰恰满足了专用集成电路设计崛起的需求。这些数字化专用集成电路的芯片结构复杂，需要做大量的测试，确保在终端系统环境下能正常运转。例如，IDEA Station软件提供完整的电路图自动绘制功能，再利用明导的QuickSim进行门电路级的仿真分析，设计者可以在检验电路功能后安心进入物理原型设计阶段，进而快速迭代，提高设计质量。接着，IC Station可以完成定制芯片的布局布线，将原本需要花费数周或数月的工作缩减到几个小时。与之类似的Board Station则用于印制电路板的布局布线。

IDEA Station、IC Station与Board Station这三款产品都在EDA市场上占据领先地位，主要客户是电子行业的众多公司，它们渴望运用明导的软件获得强大的设计、分析和芯片实现能力。客户名单包括多家计算机公司，从阿波罗计算机到日本电器公司；半导体公司，如摩托罗拉、德州仪器；消费类电子产品、通信产品公司，如美国电话电报公司、佳能和通用汽车旗下的德科公司(Delco);大型航空公司,包括波音(Boeing)、罗克韦尔(Rockwell)和洛克希德公司(Lockheed)。

明导获得了强烈的市场反响,成为美国历史上营业收入最快抵达2亿美元的创业公司,1984年报告首次盈利,并于同年上市。为服务全球客户,明导开始在美国、欧洲和亚洲各处设立办事处。明导于20世纪80年代持续发展,成为这一时期市场盈利最多、规模最大的美国创业公司之一。1990年,公司营业收入达到4亿美元,再创新高,而且似乎正稳步走向更大的成功。

忍痛重组,带来良性发展

不幸的是,快速成功也给明导带来意料之外的副作用,为公司发展埋下隐患。明导成为克雷顿·克里斯坦森(Clayton Christensen)所提出的"创新者窘境"的受害者,它遵从客户愿望,开发出整套集成化接口设计的全流程环境,追求"全套方案",实际上与错综复杂的实际客户的需求背道而驰。客户需要的是多款性能最优的单个软件,能够轻松嵌入现有的工具包,满足新出现的设计需求。随着EDA创业公司纷纷加速推出创新设计功能,能将它们嵌入设计工具包,这一点变得尤为重要。

与此同时,软硬件捆绑的EDA模式也发生了改变。1991年,明导痛下决心,将软件与阿波罗计算机解绑,转而支持其他硬件,如太阳微系统公司的产品。明导公司的营收于1990年触顶达到4.35亿美元,在砍掉硬件业务后便开始出现下滑。

与此同时,明导当时开发集成"框架"的举动事后证明过于激进。这个框架体系如今被称为"猎鹰框架(也称为8.0版本)"。明导的做法虽与铿腾的思路类似,却将全部赌注压在"框架"计划的成功上,不接受框架产品的客户将无从获得备份方案后通过多种"工具"自行搭建开发环境。业务变革加上开发困难,引发了诸多变动,包括首席执行官的调整。沃利·莱因斯(Wally Rhines)当时在德州仪器公司担任执行副总裁,掌管着50亿美元的半导体业务。令人惊讶的是,他认为明导提供的机会在创新发展上更具代表性,这也预示着明导即将摆脱"框架"模式寻找新方向。

重回正轨

加入明导的莱因斯,对电子设计流程的各领域都颇有了解,管理过各种类型的半导体业务,也曾执掌10亿美元的小型机和外围设备业务。他在德州仪器的辉煌业绩,得益于数字信号处理技术的广泛应用,当时他督导过语音教育类产品"说与拼"(Speak 'n Spell)的芯片组开发,还有TMS 320系列数字信号处理器从设想到开发再到商业应用的过程,这项业务的规模最终达到德州仪器总营收的一半左右。

初到明导,莱因斯着手遏制8.0版本造成的业务亏损,重新制定了公司战略,使得明导或第三方基于非框架模式进行的工具开发可以轻松融入设计方案。加入公司一个月后,明导收购了切罗公司(Checklogic),后者最终开发出行业领先的可测性设计方案,激发出可测性设计(DFT)领域至关重要的两个技术断点——压缩和单元识别测试。三个月后,明导为开发新一代物理设计验证工具启动大型项目,因为沃利在德州仪器任职期间曾亲自获得Checkmate产品的授权(这发生在铿腾收购易凯之后),而易凯曾为明导提供用于OEM领域的类似Dracula的产品。相比铿腾的Dracula,Checkmate略胜一筹。* 此外,明导也有能力自行开发独具特色的物理验证工具。

种种需求迅速演变为明导的新战略,这与8.0版本的"把握全流程"战略截然不同:

---

* Checkmate是一款并行设计规则检查工具,Dracula是铿腾的一款独立版图验证工具,采用批处理工作方式。——译者

1）专注于公司在行业中最为擅长的业务领域，但支持开放标准，使得产品可以轻松嵌入所有的设计流程；

2）寻找可替代现有解决方案的设计断点；

3）尽早识别新问题，开发必要工具，以免导致严重后果。

虽然由于8.0版本造成的业务偏移，明导失去了发展契机与动力，告别市场份额第一的位置，但不久便开始重整旗鼓，迎头赶上。在门电路级别仿真领域，明导开发的Quicksim软件引领潮流。很多客户公司的设计环境都支持新出现的VHDL标准，明导针对VHDL开发了早期的寄存器传输级仿真器，与之相对的Verilog则为专用型仿真器。收购模型技术公司（Model Technology）后，明导推出了行业内第一款直接编译仿真器。该仿真器具备"单一内核"，不久后便支持VHDL、Verilog和随后的System Verilog、C++、System C及其他语言。因此在接下来的18年里，明导在寄存器传输级仿真领域的市场份额保持在行业第二（根据GSEDA的数据，其中数年还成了第一）。

与此同时，Calibre产品团队的三位核心人物劳伦斯·哥罗德（Laurence Grodd）、克比·克雷什（Koby Kresh）与罗伯特·托德（Robert Todd），利用支撑Dracula和Checkmate软件运营的长期经验，开发出全新的物理验证技术，利用"分层处理"方式显著提升了性能。作为明导公司虚拟的"研发重地"，该团队不再面向IC Station客户群，明导管理层对其开展的基准测试也一无所知。1996年末，消息称明导公司拥有功能独特的产品，这让Calibre软件的使用率迅猛增长，因为使用之前的物理验证软件的用户发现，250纳米及以下尺寸的大型设计无法得到验证。接下来的几年里涌现出一系列创新，Calibre核心团队共获得了48项专利，Calibre最终也扩展成为完整平台，包含物理验证、分析及面向制造的设计。团队确保Calibre也能与竞争对手的设计工具相匹配，没有兼容性问题。

领导层与战略方向的其他变动

1996年，明导聘请VLSI技术公司前高级副总裁、首席财务官格雷戈里·欣克利（Greg Hinckley）担任首席运营官兼首席财务官。凭着"跳出常规"的思维方式、有力的分析方法和丰富的商业经验，格雷戈里与莱因斯在管理层紧密合作，推进创新步伐。借力在VLSI技术公司的工作经历，格雷戈里聘请原东家的唐·莫斯比（Don Maulsby）负责明导的全球销售业务，又请来亨利·波茨（Henry Potts）负责印制电路板业务。虽然大多数公司认为印制电路板是EDA行业的"夕阳"业务，格雷戈里与沃利两人达成的共识却恰恰相反，强调务必抓住系统设计领域出现的新契机。在印制电路板业务市场份额第一的基础上，亨利·波茨又开拓了系统设计新领域，如信号完整性分析、热分析，以及重要的交通系统设计。此外，瑟奇·利夫（Serge Leef）对汽车网络分析倍加关注，大力发展，加上新标准"汽车开放系统架构"（AUTOSAR）的出现，系统设计业务蓬勃发展，成为明导在21世纪最初十年发展最快的主营业务。

为了弥补硬件的设计短板，明导于1996年收购了当时规模最大的嵌入式软件公司麦科特（Microtec，拥有VRTX实时操作系统），进入嵌入式软件业务的领域。此后，明导又收购了其他公司，如加速技术公司（Accelerated Technologies，拥有客户数量最多的实时操作系统NUCLEUS）。

明导此阶段的战略是筑牢印制电路板等业务市场份额第一的基础，寻找Calibre等现有工具包的技术断点。至此，这一战略开始结出硕果，自20世纪90年代末，公司营收增长率超过行业总体水平。然而，正是对新的设计问题进行识别和应对，其战略组成中的第三点，推动了下一波发展。这些问题包括：

- 硬件和软件验证的新仿真需求
- 芯片和系统开发团队采用嵌入式软件开发环境
- 电子设计自动化领域的各种基本工具被用于系统设计,尤其是飞机、火车、汽车和分布式网络
- 高层次电子系统级设计
- 面向制造的设计(design for manufacturing,简称DFM)领域出现的分辨率增强技术
- 采用开源软件和基于LINUX的嵌入式开发环境
- 现有技术取得的进步,如:可测试设计领域出现信号压缩和单元识别技术;仿真领域出现一键触发的形式方法;智能测试基准;高层次功耗分析等

最让人兴奋的一个进展是雅努什·拉伊斯基(Janusz Rajski)发明的测试压缩技术。长期以来,自动测试设备行业无法实现测试成本与单晶体管的生产成本同步,使得生产流程中的测试成本占比日益上升。利用雅努什开发的技术,可以将测试电路进行10倍压缩,测试时间也缩短近10倍,然后进一步调整实现各方面平均达200倍的压缩,最后经由清楚明确的操作步骤压缩至1000倍。明导之所以成为EDA测试方案的领军供应商,这一技术发挥了重大作用。事实证明,后来出现的单元识别自动测试向量生成技术(Cell-Aware ATPG)也带来了类似的质的飞跃,测试质量出现数量级提升,还提供了一种独特技术,可对含有鳍式场效应晶体管的芯片进行可靠的测试。

开放标准铺平道路

失去EDA行业领导地位后还能东山再起的,唯有明导一家。这其中有一个关键因素标准在发挥作用。经历8.0版本的失败后,明导转而大力支持开放标准,往设计流程中集成各种工具与平台,尤其是竞争

对手主导的设计流程。明导将之融入公司文化,称其是在吸收的同时也有付出。一旦开发的某种标准获得广泛应用,明导便计划将其捐给某标准化组织。明导自主或合作开发并捐给标准化组织的标准包括UPF、SystemC、UCIS、OASIS、JEDEC、IJTAG、VHDL、Open-DFM、OpenPDK等。在标准建立时抢占高地的做法,形成了有趣的行业竞争局面。

例如,德州仪器、诺基亚与明导合作开发了一项功耗管理标准,2000年被明导用于自家的仿真器。当其他公司的客户发现这种应用需求后,明导与新思、微捷码通力合作,为此开展Accellera赞助的一项标准化工作*。同样,当明导的"高级验证方法"仿真技术(Advanced Verification Methodology,简称AVM)比专用的"马努阿验证方法"(Verification Methodology Manua,简称VMM)更受客户欢迎时,明导便与铿腾合力开发出"开放验证方法"(Open Verification Methodology,简称OVM)。于是,一项广受采纳的标准便诞生了,后来演变为如今的"通用验证方法"(Universal Verification Methodology,简称UVM)。早期,System Verilog语言的行业应用过程更为有趣。新思计划与明导合作时,原以为明导会有几分不乐意。后来,明导先于行业一年多开始进行System Verilog的营销,整个行业和明导自身都因之起了变化。

法律纠纷

明导尽可能避免诉讼,但这种做法并非总能奏效,1997年便是如此。明导曾是硬件加速和仿真技术的早期开创者,曾于1988年发布一款重磅产品。随后,明导将这一技术出售给创业公司克顿(Quick-

---

* Accellera是一个国际标准化组织,专注于系统、半导体及设计工具公司开发及使用的自动化设计流程的语言标准。——译者

turn)。事后证明,明导为这一错误决策付出了昂贵代价。自20世纪70年代中期开始集成设计领域的职业生涯,莱因斯就已热衷于仿真,加入明导后便立即启动了仿真器的开发工作。明导获得成功后,必须就此前出售给克顿公司(如今属于铿腾)的专利保护自行辩护。后来,仿真设计团队的出走再次引发专利诉讼,降低了明导人员的工作效率。这一切最后总算得到圆满解决,明导工程师团队开发出行业领先的硬件加速平台Veloce,于2013年重获仿真领域的主导地位。

聚焦系统设计

20世纪80年代初,由于EDA行业同时覆盖芯片和电路板设计,明导很早便深得汽车、军事及航空行业客户的认可,确立了领先地位。这些客户形成的设计生态圈稳固而开阔,变动并不频繁。认识到这一优点后,明导密切关注这些客户,过去15年里系统设计领域的研发经费投入比例高于EDA总体。这样一来,当这些系统公司像几十年前的半导体公司那样,着手进行设计流程的自动化时,明导已建立起稳固的技术根基。

对明导而言,这种根基包括用于汽车、火车、飞机和大型系统虚拟设计自动化的种种工具。1992年推出的汽车互联设计工具,在马丁·奥布莱恩(Martin O'Brien)的领导下发展至2000年已经成为业内主流,期间,Capital系列的企业级设计工具也经历了多个阶段,从架构概念到电子设计/分析、成本权衡分析、生产计划/材料清单、服务与支持。此外,瑟奇·利夫带领的团队开发了多系列的汽车设计工具,包括网络分析工具以及业内第一款AUTOSAR设计工具,以支持新生的汽车设计标准。与此同时,马克·米切尔(Mark Mitchell)带领的开源软件团队,与斯科特·莫里森(Scot Morrison)带领的嵌入式软件团队,也为明导建立起应对迅速发展的交通市场的独特技术能力。如今,电子设计自动化在系统设计领域的增长率,远远高于传统芯片的设计领域。

高层面抽象领域的创新

明导很早就投资了新兴的电子系统级(Electronic System Level,简称ESL)设计抽象。近15年的时间里,业内在这一产品领域获得巨额收入的公司只有明导一家。公司早期开发的Seamless成为业内第一款成功的软硬件协同验证产品,类似的还有高层次合成工具Catapult C。然而,业界显然需要一套更为全面的解决方案,应对高层级的设计挑战。明导的一个竞争对手欲高价收购卡里图公司(Calypto),该公司开发了高层次功耗分析和优化工具。显然,加入卡里图产品的设计流程能为客户创造价值。明导无法支付高昂的收购费,于是提议采取非现金交易方式,将卡里图Catapult产品的业务剥离出来与其组建联合体,并按收入和利润贡献比例保持相应控制权。联合体蓬勃发展,脱离了明导开展运营。与此同时,明导保留了盖伊·摩西(Guy Moshe)带领的以色列团队开发出的高层次设计产品Vista,在高层次功耗/性能分析领域早早起步。

为他人所不为

格雷戈里·欣克利加入明导后,沃利进一步强化了天生的反常规思维模式,推动明导继续探索非传统领域。早期表现在嵌入式软件开发方面,1996年就收购了麦科特公司(Microtec),而且随着嵌入式软件在电子设计团队中发挥出更重要的作用,明导也持续加大开发力度。热分析和计算流体动力学领域也获得明导的关注,在公司2013年总营收中占比超过5%。此外,明导大胆进军新领域,如用于热惯性分析的硬件和照明系统的设计。系统设计领域的持续发力,为明导的未来打开了一扇扇面向新机遇的大门。

单一供应商设计流程

虽然明导拥有业界领先的多种工具,可以将第三方工具顺利嵌入自家流程里,其至少还有一种单一供应商模式也获得客户的支持。这种模式出现在印制电路板设计生产领域。随着印制电路板设计日渐成熟,明导的市场份额逼近50%,许多客户开始追问一种将概念、生产部署和改良成品率融为一体的设计流程。2010年收购华尔莱公司(Valor)后,明导完善了这一流程,以之提供多种新业务能力。

2001年明导20周年庆典,创始人与时任领导人的合影。从左至右:沃登·莱因斯,董事长兼首席执行官;格里·兰格勒,创始人;汤姆·布鲁格尔,创始人;戴夫·莫芬贝尔,创始人;格雷戈里·欣克利,总裁。图片采自周报《威尔逊维尔发言人》

Calibre应用于验证之外

Calibre成为物理验证领域事实上采用的标准后,越来越多的业务能力被加上。面向制造的设计成为行业大事,需要各种工具用于模拟光刻出现的坏点和成品率的限制因素。光学邻近效应修正水平的研究

也不断深入,迈上新台阶。*

其中最有趣的当属成品率提升技术的演化发展。由于明导在可测试设计和物理验证方面同时占据着领导地位,许多客户建议整合这两个领域的数据库,找出系统化布局方面存在的问题。也就是说,将大量的测试数据与物理布局相关联,找出统计学上代表异常次品率的"异常值"。2005年明导推出的提升成品率的系列工具后来成为半导体制造行业提升成品率进而提高利润的判断基石。

未来

明导公司前景一片光明,原因何在?毕竟,半导体行业的增长率仅为5%~7%,电子设计自动化行业过去的增长水平与半导体研发保持一致,在整个半导体行业中的营收占比仅有2%左右。

两股基本力量推动着行业未来发展,令人心潮澎湃。首先,半导体行业常常选择采纳新的技术,每项新技术又产生出新型EDA工具的强劲需求。近期的例子有:

- 静电放电和电迁移分析对可靠性分析工具的需求,使得Calibre PERC成为业界公认的解决方案。
- 三维芯片生产不断发展,需要Calibre 3D这样整套的全新验证工具,也需要借助Tessent套件产品提供可测试设计的新方法。
- 新的质量要求推动了单元识别自动测试向量生成技术的发展,通过检测门电路级测试样品发现晶体管瑕疵等。

---

* 在集成电路制造中,经过OPC处理过的版图,在发送到掩模厂制造掩模之前需要进行验证,对OPC处理过的版图做仿真计算,确定其是否符合工艺窗口要求,不符合工艺窗口要求的部分被称为坏点。光学邻近效应是指由于部分相干成像过程中的非线性空间滤波,像强度频谱的能量分布和位相分布相对理想像频谱有一定畸变,并最终大大降低成像质量。光学邻近效应修正就是对掩模上的图形做适当修改以补偿这种效应,从而在晶圆上得到与设计相同的图形。——译者

其次，系统开发行业不可避免地采用了电子设计自动化技术。大致说来，系统开发行业使用EDA技术的水平接近20世纪60年代的半导体行业。在过去，建立和测试物理原型是各行业开启设计自动化的标准方式。每年伴随汽车、飞机和工业设备一同出售的电子产品总额近2万亿美元，而普通半导体电子产品的销售额为3000亿美元。随着系统开发行业接纳EDA技术，行业收入可能部分用于提升自动化水平，相比之下，如今的EDA行业营收将显得不值一提。明导长期涉足系统设计领域，又是历史最悠久的大型EDA公司，势必引领下一轮的行业变革。

EDA行业下一步走向何方？

一直以来，新设计难题的涌现推动着EDA行业的发展，造就了行业历史。早期的电路图绘制和仿真技术出现后不久，印制电路板设计、芯片布局布线和物理验证技术也随着大大提升了设计水平。最近10年里，行业收入增长几乎全部源于新的设计方法论要求，如知识产权模块销售、分辨率增强技术、电子系统级设计、形式验证、面向制造的设计等。行业未来的发展模式很可能与过去类似，即应用EDA技术处理设计领域遭遇难题的同时，也努力为新的设计问题提供解决方案。

随着芯片设计往14纳米、10纳米和7纳米的领域演进，新的物理设计难题将带来新的分析需求，包括芯片可靠性、电迁移、热效应、压力测试、极紫外光刻分辨率提升、成品率分析。如果说系统设计公司过去凭借半人工手段还能应付问题，未来它们将以更大规模采用电子设计的自动化。汽车与航空应用最为明显，因为汽车与飞机的复杂度正快速上升，每年达到5%甚至更高。要多久我们才可以完全仿真汽车或飞机的电子行为？需要很久。但我们已经能够设计并优化电子互联系统，验证安全设备和环境设施的正确操作，权衡它的成本、重量与性能，为汽车设计、制造和服务提供完整的电子数据库,这一切也将成为未来十年里促进电子设计自动化行业增长的重头戏。

自述：铿腾
Cadence Design Systems

25年里，铿腾一直是半导体和电子生态圈中的关键角色。本篇中，铿腾将分享公司历史与技术发展，讲述其在当前EDA业态发展进程中所扮演的角色。

铿腾是业界领先的电子设计自动化供应商，在定制/模拟集成电路设计、数字集成电路设计、功能验证、集成电路封装和印制电路板设计领域提供综合解决方案。除了这些"传统"领域，铿腾还在系统级设计与验证领域开发新的解决方案，在设计和验证领域积累的知识产权日益增多。如今的铿腾，已与众多客户、代工厂和知识产权提供商建立了深度的合作伙伴关系。

2013年，铿腾举办其25周年的庆典活动。在1988年，两家中等规模的EDA供应商，SDA与ECAD，合并成为铿腾。说起铿腾的历史还是要追溯到1988年以前，回到ECAD和SDA相继成立的1982年和1983年。

ECAD公司的创始人是格伦·安特尔（Glen Antle）与黄炎松（Paul Huang）*。两人此前都任职于系统工程实验室，所在的CAD事业部开发出一种速度飞快的设计规则检查新算法。这项集成电路物理验证新技术开发工作的领导者便是黄炎松。1982年，古尔德公司（Gould Inc.）收购了系统工程实验室，将该技术的市场开发权授予安特尔和黄炎松。

---

* 黄炎松是硅谷著名华人企业家，毕业于中国台湾新竹交通大学，曾创办了多家高科技企业，被称为"EDA之父"，2000年获电子设计自动化联盟考夫曼奖。——译者

安特尔与黄炎松创立了ECAD公司，设计规则检查软件后来发展为Dracula，是20世纪八九十年代EDA行业里最为知名的产品之一。ECAD还开发出集成电路布局产品线Symbad。

20世纪80年代，ECAD公司在EDA企业中显得与众不同，它只销售软件，其软件支持多家供应商的工作站和个人电脑。80年代初，当时被称为计算机辅助工程（Computer-Aided Engineering，简称CAE）的EDA行业"三巨头"是戴斯、明导和华乐。这三家公司的营业收入中，工作站硬件销售的占比都相当可观。尽管如此，ECAD依然持续盈利，并于1987年上市。

与硅谷里其他许多美好的东西一样，SDA公司的开端也是一位心怀不满的工程师。他可不是一般的工程师，SDA创始人吉姆·所罗门（Jim Solomon）是一位知名的模拟电子工程师，在摩托罗拉和国家半导体公司获得过一系列的成就。模拟电子领域缺乏计算机辅助设计工具，这让所罗门十分苦恼，他意识到有必要开发出存储设计数据的标准格式。

在国家半导体公司任职期间，所罗门写了一份商业计划书，虽然运营新公司并非他的初衷，他还是这么做了。SDA从国家半导体、通用电气、哈里斯公司和爱立信公司获得了创业资金，开发出一套集成电路的物理设计工具。SDA最大的贡献，也许是与加州大学伯克利分校教授理查德·牛顿（Richard Newton）、阿尔伯特·圣吉尔范尼-文森特里（Alberto Sangiovanni-Vincentelli）共同推出了"设计框架"这一概念。该框架提供了公共用户界面和数据库，允许工程师集成不同来源的多种外部工具。

1984年，后来成为铿腾第一任首席执行官的乔·科斯特洛（Joe Costello）离开了国家半导体公司，加入SDA担任客服中心副主管。1987年，乔成为SDA的董事长兼首席运营官。与ECAD一样，SDA

也是一家只靠软件发展壮大的EDA公司。1987年9月,SDA首次公开募股,然而,同年10月的股市崩盘延误了上市计划。

电子设计自动化市场在20世纪80年代快速扩张,ECAD与SDA意识到双方联手合作能够更好地把握新契机。1988年2月,ECAD同意以7200万美元对SDA进行换股并购。1988年5月31日完成并购后,两家公司于6月1日合并为铿腾设计系统公司。黄炎松担任研发部副总裁,所罗门担任模拟电子分部总裁,科斯特洛则担任铿腾董事长兼首席执行官。

1989——新起点,快速启动

从几个方面来看,1989年是这家年轻公司发展成型的一年。铿腾完成了两项战略性收购,成立模拟电子分部,实现了快速发展,不久便成为业界领先的集成电路CAD工具提供商。铿腾延续了ECAD和SDA的"纯软件"模式,产品支持常见的第三方工作站和个人计算机。

1989年3月,铿腾收购了腾正公司,一家时序驱动的布局布线软件供应商。此次收购将铿腾推上集成电路CAD领域的头把交椅。腾正开发的Tangate成为铿腾的Gate Ensenble,经过适配后成为Cell3 Ensemble,面向基于标准元件的设计。在专用集成电路布局布线的领域,这些产品成为市场上的旗舰,也是铿腾的主要收入来源。

1989年11月,铿腾收购盖威公司(Gateway Design Automation),后者曾开发Verilog语言和Verilog-XL仿真软件。Verilog硬件描述语言(HDL)代表了芯片和系统设计的新方向。设计师们以前需要在原理图上画出门电路,如今却可以在寄存器传输级编写代码,工作效率得到很大的提升。

20世纪80年代末,其他大多数EDA供应商都积极拥护VHDL这种获得美国国防部支持的硬件描述语言。然而,Verilog的用户已经熟悉了这种类C语言,忠诚度极高。铿腾后来将Verilog设为开放标准,如今,Verilog与其衍生出的SystemVerilog都成为IEEE标准,应用范围之广远远超过VHDL。

利用哈里斯半导体公司(Harris Semiconductor)开发的技术,铿腾模拟电子部开发出Analog Artist。它是一种全定制的集成电路设计软件环境,提供电路图绘制和仿真功能,还附带布局编辑器。利用基于Lisp的SKILL®语言,用户可对这些工具组进行编程定制。*

Analog Artist为铿腾在模拟集成电路CAD市场保持稳固地位打下了基础。经过多年改进,Analog Artist发展为如今的Virtuoso®模拟设计环境。SKILL依然广泛用于开发工艺设计工具包(PDK),生成参数单元(PCell),进行工具交互与定制,包括Virtuoso定制/模拟的集成电路工具和铿腾Allegro®印制电路板设计工具。

铿腾首席执行官乔·科斯特洛在1997年设计自动化大会上发言(图片采自设计自动化大会)

---

* Lisp是一种表处理语言,适用于符号处理、自动推理、硬件描述和超大规模集成电路设计。——译者

在魅力型领袖科斯特洛的领导下，铿腾在这一时期发展迅速，员工数从1988年的433人上升至1989年的978人。根据信息分析公司迪讯（Dataquest）提供的数据，1989年集成电路CAD的市场规模为1.723亿美元，铿腾占据了其中44.2%的份额。1990年，铿腾成为第二大EDA供应商，仅次于明导。

20世纪90年代的铿腾——技术革新，快速扩张

20世纪90年代，铿腾发展迅速，背后的动力既来自内部研发工作进展，也源于其实施的多次战略收购。1991年，铿腾收购华乐，后者是当时营业收入排名第三位的EDA供应商。凭借此次收购，铿腾的营收跃居业界首位，在此后的20年里也大体保持这一水平。虽然铿腾在集成电路设计领域实力强大，华乐的强项却是系统设计，包括多芯片系统和电路板件。下面是20世纪90年代发生的一些其他重大进展：

模拟/混合信号工具的持续发展

1991年，铿腾发布Spectre仿真工具，直到如今依然是它的拳头产品。这种电路仿真工具相比SPICE可以处理规模更大的电路，速度快了10倍。同年，铿腾推出Analog Artist布局编辑器，将布局与原理图关联起来。铿腾的模拟/混合信号工具在90年代持续改进，Virtuoso成为铿腾定制/模拟工具系列的标准用名。

系统级设计方面的开创性工作

如今，系统级设计依然被认为是EDA行业的"新"领域，虽然它的存在为时已久。20世纪90年代，铿腾开创了这一技术，当时被称为电子系统设计自动化（electronic system design automation，简称ESDA）。1993年，铿腾收购了肯迪科公司（Comdisco Systems）。该公司曾推出一款名为"信号处理工作站"（Signal Processing Workstation，简称SPW）的图形化数字信号处理设计工具，和一款名为"面向块的网络仿真器"(Block-Oriented Network Simulator,简称 BoNES)的网络分析工具。随后,铿腾成立阿尔塔小组(Alta Group),主攻电子系统设计自动化领域。

1994 年,铿腾收购了开发出系统级仿真器的红木公司(Redwood Design Automation),推动其 ESDA 业务进一步发展。1998年,铿腾将 Alta 系列产品并入业务主线,同时启动雄心勃勃的菲利斯计划(Felix Initiative),开发新一代的 ESDA 工具。

随着工程师们从门电路级原理图转向利用 VHDL 或 Verilog 进行寄存器传输级设计,抽象化水平立即获得了快速的提高。在新的方法论中,从寄存器传输级代码到门电路级网表的逻辑综合是关键所在。1994 年,铿腾推出了一套"基于布局"的综合工具。为推动综合工具业务的发展,铿腾于 1998 年收购了一家综合工具创业公司安比特(Ambit Design Systems)。

布局、布线和物理验证领域的持续创新

20 世纪 90 年代,集成电路布局布线和物理验证是铿腾的业务支柱。为了应对日益复杂的芯片架构和朝向"深次微米"(即流程节点小于 1 微米)的设计转型,铿腾在集成电路物理设计领域持续创新。

ECAD 公司最早开发的物理验证工具 Dracula,后来帮助铿腾巩固了在集成电路物理设计领域的先发领先地位。然而在 20 世纪 90 年代中期,Dracula 在大型设计领域后劲不足。1995 年,铿腾推出 Dracula 的层次化设计版工具 Vampire,处理速度提升了 2 至 100 倍。

1996 年,铿腾推出用于集成电路布局布线的 Silicon Ensemble。1999 年,铿腾推出 Silicon Ensemble Ultra,应用于 0.18 微米设计的新一代物理设计解决方案。

平息"语言之战"

1990 年,铿腾向公众开放 Verilog 语言。一个新组织"开放 Verilog

国际"(Open Verilog International,简称OVI)获准负责运营这一新生标准。铿腾继续推出各种Verilog仿真工具。然而,其他大部分EDA供应商大力支持VHDL,一场"语言之战"随即爆发。随着时间推移,许多忠实的Verilog用户都拒绝转向VHDL,其他EDA公司也开始提供支持Verilog的工具。

1992年5月,科斯特洛在"VHDL国际用户组"(VHDL International User's Group,简称VI)大会上发表主题演讲,呼吁结束"硬件描述语言之战",希望OVI与VI携起手来,承诺铿腾将百分百同时支持两种语言。OVI与VI后来合并为Accellera标准组织。20世纪90年代初,铿腾推出VHDL-XL仿真器,作为原有Verilog-XL产品的补充,随后又推出全新的VHDL仿真器Leapfrog。

1998年,铿腾推出Affirma工具,进军形式等效性检查的市场。[*]同年,铿腾收购克顿公司获得相关技术,开发出如今大获成功的仿真加速平台Palladium®。

民事刑事都有份的知识产权案震惊硅谷

20世纪90年代初,一家集成电路布局布线领域的创业公司亚斯(它后来改名为阿凡提)开始挑战众多老牌的EDA供应商,包括铿腾。铿腾高管们开始怀疑自家源代码被人盗用。1995年12月,警方对加利福尼亚森尼韦尔市的阿凡提总部展开突击调查,发现了潜在证据,引发了圣克拉拉县、阿凡提与铿腾之间长达五年的诉讼。

铿腾起诉阿凡提窃取自家源代码,阿凡提提出反诉,此后五年里两家公司多次对簿公堂。最后,法院对阿凡提公司及几位高管判处刑事处罚。这场法庭大戏于2001年谢幕时,阿凡提董事长及其他六人对刑

---

[*] 形式等效性检查(formal equivalence checking)是电子设计自动化的一个步骤,通过一些数学方法(如二元决策图、布尔可满足性问题)对不同电路进行形式验证,比较它们在行为上是否等效。——译者

事判决并未发起抗辩,阿凡提还向铿腾支付了赔偿金。

最后,新思于2001年末以7.8亿美元收购阿凡提,这是当时EDA行业史上规模最大的一次收购。

其他方面,铿腾于1996年收购了印制电路板布线领域的先锋公司库博查恩,不仅获得新的布线软件,也迎来一位新的首席执行官。1997年,库博查恩首席执行官杰克·哈丁成为铿腾的首席执行官。1999年,铿腾首席财务官雷·宾厄姆(Ray Bingham)接任哈丁的首席执行官职务。

21世纪00年代的铿腾——强化技术力量,推动标准向前

20世纪90年代,铿腾业务几乎覆盖了EDA行业的所有领域,包括定制/模拟设计、数字集成电路设计、功能验证、印制电路板设计和系统级设计,因此根基稳固。进入21世纪后,铿腾在此基础上通过内部研发和外部收购不断推进新技术的发展。在开发EDA标准方面,铿腾也发挥了关键作用,尤其是开放存取数据库(OpenAccess)、通用功耗格式(Common Power Format,CPF)和通用验证方法(Universal Verification Methodology,UVM)。

EDA行业的标准数据模型

业界虽然推出过多种EDA标准,但最成功也最具影响力的可能就是开放存取。如今,开放存取及其参考实例广泛用于EDA供应商、无厂化半导体公司、集成器件制造商和代工厂。铿腾持续对参考实例进行维护升级,以免费的方式为客户提供这项服务。

开放存取标准的开发工作始于20世纪90年代,当时许多EDA行业的大客户中有些刚刚开始购买商用工具。它们希望获得通用数据模型和C++应用程序界面,增强各种EDA工具间的互操作性。多家客

户公司共同建立起归属硅集成创新组织(Silicon Integration Initiative,简称Si2)之下的开放存取联盟(OpenAccess Coalition)。2001年,铿腾对Si2的技术要求做出回应,贡献出自家的Genesis数据库。

如今,开放存取联盟依然负责管理该标准,允许各公司下载开放存取数据模型、应用程序界面和参考数据库。

2000年,铿腾首席执行官雷·宾厄姆(中)于苏格兰利文斯顿的铿腾利文斯顿设计中心会见伊丽莎白二世女王

多次收购,助力顶尖集成电路设计

21世纪最初十年里的多次收购,帮助铿腾将最新的尖端技术融入其集成电路设计工具。其中包括:

• 2001年:收购科摩公司(CadMOS),获得噪音分析、物理验证和信号集成领域的多种工具,包括存储单元级噪音分析工具CeltIC®。科摩公司联合创始人兼首席执行官黄小立(Charlie Huang)如今是铿腾全球业务部、系统和验证事业部的高级副总裁。

• 2001年:收购硅谷远景公司(Silicon Perspective),获得虚拟原型工具First Encounter®。

• 2002年:收购柏拉图公司(Plato),后者开发的片上系统布线器NanoRoute®一直沿用至今。NanoRoute相关技术被整合入铿腾的SoC Encounter™产品,后来演变为如今的Encounter数字实现系统。

• 2002年:收购新普斯公司(Simplex Systems),除获得三维寄生参数提取、电源网格规划、电迁移、信号集成度分析等领域的先进技术外,还得到一支备受尊敬的设计服务团队。

• 2003年:收购综合工具创业公司格特奇(Get2Chip),获得新的寄存器传输级综合技术,为如今的编译器RTL Compiler打下基础。格特奇还开发有与布局技术相集成的物理综合技术,其董事长兼首席执行官徐季平(Chi-Ping Hsu)成为铿腾的办公室主任。

• 2006年:面向制造的设计成为当时的热点,设计师们开始追逐90纳米以下的工艺。铿腾于2006年收购普瑞萨(Praesagus),2007年收购克里赛(Clear Shape),两家公司都采用面向制造的设计,专注于研究制造变异性带来的影响。2007年,铿腾收购音华林公司(Invarium),获得光刻建模技术。

• 2008年:收购芯片规划工具供应商奇艾美(Chip Estimate),买下硅知识产权交易门户网站ChipEstimate.com™,目前该网站的交易量依然居高不下。

指标驱动新方法重新定义功能验证

21世纪初,功能验证成为集成电路设计领域的主要瓶颈。凭借先进的工艺节点,单一芯片可以容纳数千万个门电路。传统的仿真方法不再适用,思考模式需要转向。变革出现在2005年,铿腾收购维思公司(Verisity),向更广的市场空间传播新的思想,如可重用的验证方法、随机约束的测试基准生成、以指标驱动功能和代码的验证覆盖范围、验证类知识产权模块(verification IP,简称VIP)的使用。

被收购前,维思是一家相对年轻的EDA公司,专注于验证领域。该公司拥有一款名为"e"的专用验证语言,如今仍有广泛应用,甚至被采纳为IEEE 1647标准。维思还开发出e重用方法(e Reuse Methodology,简称eRM),为铿腾、明导后来开发开放验证方法打下了基础。而开放验证方法又是如今通用验证方法的基础,后者得到所有主流EDA供应商的支持。

维思还推出了Specman®验证环境,可用于自动生成测试、数据校验和功能覆盖率分析。维思开创了"覆盖率驱动验证法",工程师运行仿真程序时收集各种覆盖率指标,利用这些指标来决定是否需要继续验证。铿腾将Specman技术融入其验证工具套件Cadence Incisive®,将覆盖率驱动验证发展为如今的"指标驱动验证"。21世纪的最初十年里,铿腾同样在形式验证领域向前迈进。2003年,铿腾收购维普公司(Verplex Systems),获得用户规模庞大的Conformal产品线。2005年,铿腾发布形式验证工具Incisive Formal Verifier,帮助设计人员验证寄存器传输级代码中的断言*。

描述功耗设计意图的新方法

21世纪头十年,低功耗集成电路设计引发业界关注。工程师们开始应用各种低功耗的设计技巧,如时钟门控、多阈值电压、电源关断、电压岛。然而,具体说明功耗设计意图的标准方法并不存在。

2006年,铿腾与应用材料公司(Applied Materials)、安谋、超威、富士通、飞思卡尔(Freescale)、NEC、恩智浦及台积电共同建立起"功耗前锋组织"(Power Forward Initiavive)。该组织获准开发"通用功耗格式"(Common Power Format,简称CPF),可在单个文件中描述多种工具的功耗设计意图。2006年12月,铿腾将CPF格式捐给了Si2。2007年3月,第一版CPF标准推向业界,其后已成功应用到成千上万种片上系统的设计中。

---

* 断言是编程术语,表示为一些布尔表达式,程序员相信在程序中的某个特定点该表达式值为真,可以在任何时候启用和禁用断言验证,因此可以在测试时启用断言而在部署时禁用断言。同样,程序投入运行后,最终用户在遇到问题时可以重新启用断言。——译者

铿腾的竞争对手们则大力开发另一种功耗格式——统一功耗格式（Unified Power Format，简称 UPF）。开发工作始于 Accellera，如今已成为 IEEE 1801 标准。铿腾是 IEEE 1801 工作组中的积极参与者，正与客户和其他供应商一道推进两种格式之间的融合。

定制/模拟设计的持续进步

21 世纪初，铿腾持续提升定制/模拟集成电路设计领域的核心竞争力。2004 年，铿腾收购了开发电路校正工具的尼奥里公司（NeoLinear），其董事长兼首席执行官汤姆·贝克利（Tom Beckley）如今成为铿腾定制集成电路和印制电路板事业部的资深副总裁。

2006 年，铿腾重新调整 Virtuoso 开发环境，提供受约束驱动的设计流程，并接入开放存取数据库。这为铿腾如今的混合信号业务打开了大门，不论是利用 Virtuoso 系列工具进行模拟知识产权模块设计，还是利用 Encounter 系列工具进行数字知识产权模块设计，都将开放存取数据库作为通用的存储库。

高层变动

2004 年，曾于英特尔担任资深副总裁的迈克·菲斯特（Mike Fister）成为铿腾董事长兼首席执行官。菲斯特此前在英特尔负责企业平台事业部，管理 IA-32 处理器的设计、开发和营销工作。2008 年，陈立武（Lip-Bu Tan）接替菲斯特，至今仍担任公司总裁兼首席执行官。陈立武是一位备受尊敬的全球风险投资家，自 2004 年起便成为铿腾的董事会成员。虽然陈立武成为首席执行官时形势严峻，经济深陷衰退泥潭，EDA 市场也增长缓慢，但在他的领导下，铿腾开发出业界领先的技术，与客户、行业伙伴也建立起深度的合作关系。截至 2013 年 10 月，公司连续 15 个季度实现营收增长。

铿腾，2010—2012——推进新节点，展望新未来

铿腾立足于硅产业之外观察着 EDA 行业，于 2010 年发布 EDA360 愿景书，号召业界行动起来，重视软件应用，推动电子设计的发展。愿景书包括"硅实现"（Silicon Realization），即为模拟、数字和混合信号的集成电路设计建立统一的设计流程。这也是大多数人对"电子设计自动化"的一般认知。同时，愿景书中也有"片上系统实现"（SoC Realization），即利用知识产权模块组建复杂的片上系统；以及"系统实现"（System Realization），包括嵌入式软件、软硬件协同开发、印制电路板和集成电路封装设计。

为丰富"片上系统实现"业务，铿腾于 2010 年收购了德纳里公司（Denali Software），一家大型的存储模型和知识产权模块供应商。如今，铿腾拥有业内数量最多的存储模型和验证类知识产权模块，高性能接口和存储类知识产权模块数量也在迅速增长。马丁·伦德（Martin Lund）此前曾在博通公司网络交换事业部担任资深副总裁兼总经理，2012 年加入铿腾，如今是其知识产权事业部资深副总裁。2013 年，铿腾收购模拟/混合信号知识产权的顶级供应商科米公司（Cosmic Circuits），还收购了数据平面处理的知识产权供应商腾思公司（Tensilica），以及艾凡公司（Evatronix）的知识产权业务，包括 USB、MIPI 和闪存控制器的知识产权。

2011 年，铿腾面向"系统实现"业务板块发布系统开发套件，它由四个相互关联的软硬件开发平台组成，包括用于虚拟原型制作、仿真、加速/模拟的 Palladium XP 平台和基于 FPGA 的原型制作平台。

在"硅实现"领域，铿腾在尖端节点设计领域向来占据领导地位，同时面向定制/模拟和数字领域的设计师。这往往需要与代工厂、知识产权公司早早建立起深度合作关系。2010 年，Encounter 9.1 平台增加了对28纳米节点的支持。2012年末,Encounter全面支持20纳米节点,官方宣称该平台已两次用于14纳米产品的流片。类似地,2013年推出的Virtuoso Advanced Node设计环境支持20纳米及以下的节点,加入的技术包括用于双重曝光的自动感色设计、获取初期寄生参数估值的"部分"布局技术,以及对布局相关效应的分析。

鳍式场效应晶体管(FinFET)是振奋业界的新型晶体管技术,预示着16/14纳米以下工艺节点将带来巨大的功耗及性能优势。铿腾在此领域优势明显。例如,铿腾曾协助加州大学伯克利分校的一个团队开发出用于鳍式场效应晶体管的BSIM-CMG设备模型。2012年,铿腾宣布已有两块应用自家工具设计的14纳米FinFET测试芯片成功流片。2013年,安谋与铿腾携手开发ARM Cortex®-A57处理器,使用台积电16纳米的FinFET工艺。

2011年,铿腾收购阿泽罗(Azuro),该公司发明的"时钟并行优化"技术代表了集成电路物理设计的范式转移,能同时实现对时钟树和逻辑的优化。2013年,铿腾发布Tempus时序验证方案和Voltus集成电路电源完整性解决方案,大举进军时序和功耗验证市场。曾在微捷码担任高管的阿尼鲁达·德福刚(Anirudh Devgan)成为铿腾数字及验证事业部的资深副总裁。铿腾还开发出支持三维芯片的一整套新技术,设计人员预期可借此实现多工艺节点的裸片堆叠。三维芯片设计需要模拟电路、数字电路、芯片封装和印制电路板设计的综合解决方案。这些技术,铿腾悉数拥有。

总结——未来一片光明(一切走向微型)

铿腾一路走来,并非从未经历艰难阻障。然而在写作本篇时,公司的前景看起来一片光明,几年来公司业务一直有稳健的增长。2012年,铿腾营收达13.26亿美元,年末的员工数量近5200人。

如今的铿腾拥有独特优势，可与半导体、系统公司开展伙伴式合作，其核心竞争力包括以下几个方面：

• 拥有端到端综合而开放的设计流，适用于定制/模拟集成电路设计（Virtuoso系列产品）；数字系统实现（Encounter系列产品）；功能验证（Incisive系列产品）；芯片封装/印制电路板设计（Allegro系列产品）。这些产品都久经时间考验，在业内广泛应用。

• 在功能验证知识产权模块市场占据领导地位，设计领域的知识产权模块数量日渐增长，在内存、存储、高速接口、模拟和混合信号芯片、可配置数据平面处理单元（DPU）领域拥有性能独特的产品。

• 拥有一套深度互联的软硬件开发平台。

• 在20纳米工艺和16/14纳米鳍式场效应晶体管等新技术领域占据领先地位。

• 在模拟电路、数字电路和封装/印制电路板方面独具的竞争力，使其在三维芯片设计领域赢得独特地位。

• 与所有主流代工厂建立起了深度合作关系，经常在工艺开发初期参与工作。

• 与多家知识产权供应商（包括安谋）建立起了深度合作关系。

• 未来的愿景展望突破了半导体设计领域，还包括有系统设计和软件开发。

随着半导体工艺节点曲线走向16/14纳米、10纳米并继续下行，电子行业呈现出踌躇满志的景象。电子设计自动化为电子行业打下基础，而铿腾的诸多贡献将在未来许多年里发挥重大作用。

自述：新思
Synopsys

新思推动了电子设计自动化行业的形成，也在25年的时间里持续推动行业向前发展。本篇中，新思将分享公司的历史与技术发展，讲述其在当前EDA业态发展进程中的角色。

在EDA工具和半导体知识产权模块的开发销售方面，新思是市场和技术领袖。作为世界上规模最大的软件公司之一，新思是从1986年只有单一产品的创业小公司，逐渐获得2012年营收超过17亿美元的全球领袖地位的。

新思公司创始人，从左到右：比尔·克里格、阿特·德吉亚斯、戴夫·格雷戈里、里克·卢代尔

20世纪70年代末，新思的共同创始人、董事长、共同CEO阿特·德吉亚斯（Aart de Geus）博士移民美国，受聘达拉斯南卫理公会大学，开始投入该校的电子工程项目。他原本是为电子工程入门课编写程序的，不久后便转为雇用学生来完成编程。其间，他发现下面这样的

行为极具价值:抓住一种技术理念,以此为基础发挥创意,并推动其他人做同样的工作。

1986年,在获得博士学位并在通用电气公司积累了计算机辅助设计经验后,德吉亚斯博士与通用电气位于北卡罗来纳州三角研究园的微电子中心里的一组工程师,包括比尔·克里格(Bill Krieger)、戴夫·格雷戈里(Dave Gregory)和里克·卢代尔(Rick Rudell)等人,共同创立了逻辑综合工具公司奥思(Optimal Solutions Inc.)。

1987年,公司迁至加利福尼亚山景城,改名新思(Synopsys,是SYNthesis 和 Optimization SYStems 的缩写)。同年,新思推出旗舰产品工具Design Compiler(设计编译器),将自动逻辑综合工具推向市场。这项基础技术将芯片设计工作从基于原理图转变为使用程序语言。少了这一技术,如今高度复杂的设计以及工程师工作时的高效率都无从谈起。

新思早期几乎与全球领先的所有芯片制造商建立起了合作关系,很快为第一批产品找到了立足点。许多公司发现,利用综合工具可将定制芯片的设计时间缩短30%以上。1992年,新思完成首次公开募股,当时的客户群已囊括世界十大计算机厂商中的九家,以及世界排名前25的大型半导体公司。

那一时期,新思与世界顶尖代工厂、FPGA公司也建立起战略合作伙伴关系,收购了一些早期的EDA单点工具供应商,发布了20多种产品,将电子设计自动化与知识产权的一体化发展作为长期战略。仅在6年后,新思的年营收运转率达到2.5亿美元。

实践革命

20世纪80年代,门电路级输入、原理图绘制和门电路仿真合在一起,统称为计算机辅助设计,是当时主流的芯片设计方法。虽然辅助设计提高了效率,但设计师依然需要画出电路才能交付实现。类似Verilog(1984年)和VHDL(1987年)的高级设计语言的发明推动了设计编译器的诞生和发展。新思推出的设计编译器为工程师们提供了一种更为高效的集成电路开发方法,有力地推动了计算机辅助设计技术转变为电子设计自动化。如今,设计人员可以利用硬件描述语言描述目标电路功能,借助设计编译器生成电路。电子设计自动化出现后,工程师可以兼顾规模和系统上的庞杂。20世纪90年代中期,设计编译器已成为寄存器传输级逻辑综合工具的事实应用标准,设计效率实现了高达10倍的提升。

随着半导体制造的技术工艺按照摩尔定律持续提升,电路的复杂程度也在不断增长。20世纪90年代末,让亚微米集成电路满足时序要求成为重大的设计挑战。简单的线负载模型已经无法精确预测时序。新思率先应对这一挑战,扩张其技术领域和产品线,从综合工具走向覆盖前端设计领域,包括时序、测试和仿真环节。

公司长期致力于开发电路验证工具,1997年推出面向门电路设计的静态时序分析工具PrimeTime。PrimeTime得到业界的认可,因为它提供精确的时序计算,支持反向标注,使用标准格式,能获得专用集成电路供应商的验证支持,拥有强大的电路调试时序分析功能,可识别错误路径,等等。PrimeTime面市后得到广泛采纳,在业界同类工具中应用最广,为验证提供整套的工具基础,包括时序、信号完整性、功耗和适应工艺变化的分析。

同样在1997年,新思收购艾匹克(EPIC Design Technology),该公司开创了商用晶体管级Fast SPICE仿真技术。在测试产品线,新思获得了一项突破——TetraMAX自动测试图样生成,于1999年推向市场,第二年又推出单通道测试综合工具DFT Compiler。

随后,新思通过有序发展和实施收购,聚焦开发后端设计工具。完成电子设计自动化史上规模最大的两次收购后,新思在布局布线、寄生参数提取和面向制造的产品领域获得了关键性的补充。2001年,收购阿凡提得到先进的实现工具后,新思进一步完善其全设计流程技术的扩张布局。十几年后,新思收购微捷码,其核心EDA产品恰好补充了新思在芯片实现和模拟定制设计方面的产品组合。

自2000年起,芯片复杂度日益攀升,工艺节点渐趋细微,开发日程不断催促之下,在控制设计成本的同时提升产品质量、缩短加工周转时间变得十分关键。新思着手为之开发一款高度一体化的综合实现平台,后来推出的"银河"实现平台(Galaxy Implementation Platform),将物理实现需要的所有工具整合到统一环境下,简化了工程师切换工具的操作,在提升效率的同时也降低错误率。该平台的一个重要组件IC Compiler于2005年推出,为设计人员提供一种芯片级物理实现的聚合式工具,工具具备的种种优点包括能大大提升产品质量,缩短加工周转时间,降低设计成本,同时便于使用。

设计是靠不住的——进行验证吧

20世纪80年代中期,大多数半导体公司和计算机辅助设计供应商都拥有自家仿真器,使用多种门电路级语言进行电路描述与功能测试。盖威公司推出Verilog XL仿真器后,Verilog语言流行开来,因为工程师们可以用它进行功能级的电路描述。

1997年,新思收购维罗公司(Viewlogic),搁置Verilog仿真器的内部开发工作,将资源投向一款广受欢迎、极具竞争力的Verilog仿真器VCS。那是维罗于1994年收购了开发VCS的克罗公司(Chronologic)后纳入其产品体系中的。此后,新思持续改进VCS,每一代新产品的性能至少实现两倍的提升。

由于使用简单,Verilog的使用量在新世纪的最初几年里不断增长。随着设计复杂度提高，Verilog的瓶颈开始显现，但市场上并未出现转投VHDL的迹象。许多大学毕业生接受了Verilog培训，VHDL虽然功能更为强大，但更换语言的代价过高。新思提出并领衔开发了一个项目（后来被IEEE采纳），以丰富Verilog的功能。就这样，SystemVerilog语言诞生，并成为标准。

芯片复杂度上升，加上软硬件协同开发的需求，推动行业不断丰富高层次设计的定义，同时纳入多种建模语言（如C++）对SystemVerilog进行补充。结果，新思的业务规划从仿真演变为以验证平台为重，开始发展代码覆盖、测试基准和使用断言做形式验证等相关的邻近技术。

这一目标规划发展成为2002年的"智能验证"，新思凭借多种自有技术，打造出统一的开发环境"Discovery验证平台"。有了这一环境，新思可以将系统级验证、硬件描述语言仿真、测试基准自动化和功能覆盖率集成到单一的平台上。自1997年起，新思就开始应用形式技术来解决验证领域的多种问题。混合形式验证是寄存器传输级功能验证的新方法，将形式属性检查技术与VCS Verilog仿真器结合在一起。作为Discovery验证平台的一部分，新思于2003年发布了混合形式验证的解决方案Magellan。

2005年中期，移动设备技术及相应的节能需求开始涌现，低功耗成为主导因素。为了应对设计功耗管理时的种种挑战，新思收购了亚克普公司（ArchPro Design Automation），获得多项技术，工程师们可用以解决从芯片架构到寄存器传输级、门电路级设计中多电压环境下的功耗管理问题。此次收购后，新思将低功耗验证技术全面融入VCS。

随着验证工作量日渐增长，客户不仅需要验证设计的工具，还需要创建知识产权模块的工具。验证类知识产权工具和良好的验证方法此时变得十分关键。为了满足这一需求，新思在这些领域加大了投资。

2012年推出的Discovery VIP套件使用SystemVerilog语言，其特色是原生性支持行业标准的验证方法，包括统一验证方法UVM。该方法提供验证中使用到的关键组件，而VIP套件还拥有基本协议和模型，可验证知识产权模块实现时的功能表现。

20世纪90年代初，只有少数几家公司专门从事基于硬件的电路仿真，新思并非其中的一员。随着设计规模和复杂度逐渐攀升，仿真需求与日俱增，验证速度也亟待提高。早在1995年，新思就收购了亚科斯公司(Arkos Design Systems)，意图开展仿真业务。1997年，新思剥离亚科斯，仿真方面的业务尝试随之终结，此后新思继续寻找新的行业入口，终于2012年收购了仿真业务的领军公司易福(EVE)。新思还于同年收购思源公司(SpringSoft)，后者推出的与仿真相隔离的验证调试工具Verdi得到了广泛应用。如此这般丰富产品线后，新思推出了完善的验证环境，包含动态/静态验证、仿真调试和高级原型开发技术。

引领知识产权的方向

20世纪90年代初，新思认识到知识产权模块是电子设计自动化的重要组成部分。早早在市场扎稳脚跟后，新思通过内部开发和外部收购并举，开始建立起知识产权的业务线。从一开始，新思便明确了着力点：按需适时提供高质量的知识产权模块，以帮助设计人员满足产品上市的时间要求，降低集成风险。

1992年首次推出的DesignWare系列产品，提供了多种不依赖特定技术的可重用设计模块，如加法器、乘法器。有了DesignWare，工程师们无须在每次设计中重复设计相同的逻辑电路。随着综合技术不断发展，又有复杂的知识产权模块加入库中，如8位微控制器、AMBA片上总线和验证类模块(从逻辑建模的角度看也称为智能模型)。加入这些模块后,该产品被称为DesignWare库,此后成为应用最广的基础知识产权模块库。

21世纪的头十年里,标准通信协议的应用出现爆炸性增长,这为商业化知识产权行业的出现打下了基础,因为许多公司意识到需要将主要力量投向设计中的差异化领域,而非开发标准的知识产权模块。2002年,新思收购因晶公司(inSilicon),将市面流行的接口协议加入DesignWare库,如PCI-X、USB、IEEE1394和JPEG。2004年,新思收购卡斯得半导体公司(Cascade Semiconductor),原本十分成功的DesignWare PCIE终端解决方案得到进一步完善,加入了根端口、双模式和交换端口,为设计人员提供了一整套高性能、低延迟的PCIE知识产权模块方案*。同样在2004年,新思收购安世龙公司(Accelerant Networks),获得串行器和解串器技术。

2009年,新思收购美普思公司的模拟电路事业部,在模拟电路知识产权领域获得领导地位。此次收购后,DesignWare模块库中加入了一系列的模拟电路知识产权模块,包括模数转换器(ADC)、数模转换器(DAC)和音频编解码器。

2009年,新思收购维拉奇公司(Virage Logic),获得多种逻辑库和嵌入式存储模块,助力设计人员在功耗、性能与成品率之间找到最佳平衡,可以完成存储器测试与修复,开发出非易失性存储器和面向嵌入式与深度嵌入式场景的ARC处理器。2010年,新思持续推出新产品,帮助设计人员将先进功能纳入他们的片上系统。

2011年,业界焦点转向帮助设计人员开发28纳米片上系统。从这一工艺节点开始,知识产权日益依赖代工厂的共识。新思宣布向台积电最新的28纳米工艺开放DesignWare Interface PHY和

---

* PCIE即Peripheral Component Interconnect Express,是一种高速串行计算机扩展总线标准,由英特尔在2001年提出,旨在替代以往的PCI、PCI-X和AGP总线标准。——译者

Embedded Memory知识产权模块,同时与联华电子在28纳米的嵌入式存储、逻辑库领域达成合作。第二年,设计人员开始在片上系统融入规模更大、数量更多的第三方知识产权模块。仅仅提供孤立的知识产权模块是不够的,市场还需要完善的知识产权子系统,来简化模块的整合工作。鉴于此,新思推出业内首个28纳米多标准MIPI M-PHY知识产权模块,共支持6种标准。业界需求转向知识产权子系统、20纳米模块和鳍式场效应晶体管,这就要求市场上得有一家能够推动关键技术发展、与代工厂合作紧密的知识产权供应商。

选择知识产权供应商时,新思将这5条客户标准放在首位,成为业内备受信赖的知识产权合作伙伴:在知识产权方面技术领先;知识产权的质量可靠/模块经过芯片检验;在市场上表现出领导力;品牌有信誉度;广泛的知识产权业务领域。

原型——把握正确的开发方向

逐渐丰富知识产权业务线的同时,新思也认识到高层次综合与嵌入式系统级设计的重要性日渐凸显。公司很快便发现了技术朝高级原型方向的发展趋势,这具体包括用于软硬件协同设计的虚拟原型和FPGA原型技术。

几十年来,系统原型设计一直是产品开发周期中的重要阶段。原型设计方法主要有两种:一种是虚拟原型,许多人也称之为系统仿真。另一种是硬件原型,即打造出与真实系统足够近似的版本。两种方法的目的都是观察系统的运作情况,以便工程师们确认生产出的真实系统产品能否实现预期功能。

1994年,新思斥资购得COSSAP*,踏入原型设计市场。当时,许

---

* COSSAP,全称Communication System Simulation and Application Processor,即通信系统仿真与应用处理器,是一款通信系统设计工具。——译者

多公司都在开发通信系统芯片,用于移动蜂窝、卫星或有线通信。建造完整的硬件原型,验证系统性能是否足以支持正确地传输语音和数据,开销十分巨大。硬件仿真器出现前,对新系统进行原型设计存在两大缺点。首先,建造原型成本高,耗时长,需要设计制造一套几乎达到目标产品可靠度的硬件系统。其次,随着半导体技术的发展,系统运作中实现的功能与各分立的芯片层级模块部件并不相同,原型得到的某些结果可能误导认知,或是毫不相关。

与此同时,20世纪初,精简指令集计算机处理器这一通信应用首选的中央处理器架构,复杂度正随着芯片规模逐渐提升,如今又加入了更多接口,需要新的设备驱动。这样一来,电子公司便需要面对软件开发也日益复杂的问题。自20世纪60年代末,开发处理器固件意味着为处理器建立计算机模型,以便运行软件,观察结果。这项技术被称为虚拟原型。随后十年里,有三家创业公司率先将通用虚拟原型系统推向市场。新思最终收购了这三家公司,2006年收购维图(Virtio),2010年收购华斯特(VaST)与科维(CoWare)。三家公司的技术整合后形成一款产品Virtualizer,用户可以在硬件成形前先进行软件上的开发调试。这项功能成为软硬件协同开发的基础。

设计硬件原型的常用方法,是利用FPGA建模模拟待交付生产的硬件。新思发现,市场上存在降低规模与成本的需求,即选择某种性能非常稳健的工具包,重用其自带的基础架构来设计原型。为满足这一需求,新思于2008年收购辛普利公司(Synplicity),获得"高性能专用集成电路原型系统"(High-performance ASIC Prototyping System,简称HAPS)的解决方案;收购普罗德公司(ProDesign),获得其原型系统技术CHIPIt。两次收购后,新思获得了足够应对市场需求的技术实力。

提升虚拟原型设计效率的另一个主要需求,在于市场期待出现一种标准的建模语言。1999年,新思联合多家EDA供应商和电子公司成立行业联盟Open SystemC Initiative,为知识产权建模定义通用语言。新思、科维(Coware)和其他公司都向联盟提交了自家技术。结果产生了以流行的C语言为基础的SystemC语言。此后,新思持续扮演着领导角色,拓展虚拟原型工具的技术功能,包括SystemC事务级建模(Transaction Level Modeling,简称TLM)2.0版本的接口。SystemC语言和TLM 2.0后来都成为IEEE标准。

与伙伴携手迈向成功

每一次开发活动中,新思都与客户密切协作,制定战略,实施方案,紧跟半导体行业的最新进展。之所以能有效地提供优质服务和产品,密切联系客户便是原因之一。

新思诞生于20世纪80年代的专用集成电路"革命"时期,太阳、摩托罗拉等公司的设计团队在当时你追我赶,抓紧利用在标准元件设计和门阵列设计中不断丰富起来的元件功能。当时,利用专用集成电路供应商自家的时序计算器进行了门电路仿真后,产品才算交付给了专用集成电路供应商。

新思坚持密切联系客户,与当时的两大专用集成电路供应商,LSI逻辑公司和VLSI技术公司,建立起了日益广泛的合作关系,虽然两家公司都更为信赖自家开发的EDA工具。最终,大多数专用集成电路供应商的设计中心都进一步地提高了对新思设计编译器中综合与优化功能的支持度,并投入实际使用。1989年夏天,支持新思综合工具的专用集成电路供应商有8家。到了1991年夏天,这一数字上升至27家,其中20家供应商的设计中心还使用新思的设计编译器。

对半导体公司而言,增加专用集成电路业务意味着需要将设计工具和元件库进行"外拓",以便使用设计编译器等外部工具,这也为集成

凭借多次收购，新思产品线不断扩张

知识产权与系统	实现	验证	制造	服务
MoSys* (2012)	Ciranova (2012)	EVE (2012)	Mask Synthesis Tech.* from Luminescent Technologies (2012)	The Silicon Group (2000)
Inventure (2012)	Magma (2012)	SpringSoft (2012)	SigmaC (2008)	Smartech (1999)
Virage Logic (2010)	Extreme DA (2011)	ExpertIO (2012)	HPL (2005)	
CoWare, Inc. (2010)	Synfora (2010)	nSys (2011)	ISE (2004)	
VaST Systems (2010)	Gemini Design Technology (2009)	Nusym (2010)	Numerical Technologies (2003)	
MIPS Analog Business Group (2009)	TeraRoute (2009)	ZeroSoft, Inc. (2010)		
Synplicity (2008)	ADA (2004)	ArchPro (2007)		
CHIPit (2008)	iRoC SA (2004)	Sandwork (2007)		
MOSAID chip IP (2007)	Monterey (2004)	Nassda (2005)		
Virtio (2006)	Avant! (2002)	Qualis, Inc. (2003)		
TriCN (2005)	Stanza (1999)	Innologic Systems (2003)		
LEDA Design (2004)	Gambit (1999)	Co-Design (2002)		
Cascade (2004)	Everest Design (1998)	C Level Design (2001)	RSoft Design Group (2012)	
Accelerant (2004)	EPIC (1997)	Leda SA (2000)	Optical Research Associates (2010)	
Progressant (2004)	Advanced Test Technologies (1997)	VirSim (2000)		
inSilicon (2002)		Apteq (1999)		
Silicon Architects (1995)		Covermeter (1999)		
CADIS (1994)		Systems Science (1998)		
Compiled Designs (1993)		Viewlogic (1997)		
		Arkos (1995)		
		Arcad (1994)		
		Logic Modeling (1994)		
		Zycad (1990)		*仅收购技术，未收购企业

器件制造商在内部应用工具打开了大门。公司自行开发和维护设计工具，成本巨大。当集成器件制造商发现，使用市场上的综合与优化工具可提升生产效率，便开始将其用于内部开发。20世纪90年代中期，许多集成器件制造商的内部设计团队都已经广泛采用了新思的综合与优化工具。

20世纪90年代初，新思的专用集成电路设计流程包含测试综合与VHDL验证功能。新思竭力推动各家供应商支持全套流程，但销售新功能仍显得极具挑战。虽然供应商们乐意接受"制造测试"和"自动测试图样生成"两个概念，但测试向量取代终端用户的"验证向量"却让供应商的商业模式变得复杂起来，也带来一些现实的问题，如缺少现成的测试人员。一些客户的确需要自动测试图样生成和VHDL验证，再加上大规模的市场教育，在多种因素的共同作用下，全套流程工具包逐渐受到重视。

1995年末，38家专用集成电路供应商和11家FPGA供应商使用新思的综合工具，其中多数还用上了测试综合与VHDL验证工具。20世纪90年代中期，专用集成电路的市场上出现了新面孔。台积电加入市场竞争，推出先进的0.5微米标准元件和门阵列。两家大型集成器件制造商，三星和IBM的微电子事业部，也开始宣传自家产品。IBM推销市场领先的门阵列，采用0.35微米工艺，可容纳160万个门电路。三家公司都与新思密切合作，以满足它们在设计流程、时序计算和测试领域的独特需求。在新兴的无厂化和代工市场中，三家公司肩负重任，继续扮演着长期支柱的角色。

20世纪90年代，专用集成电路领域开始出现转向。此前，许多系统公司和半导体公司，如芯片技术公司、赛灵思、阿尔特拉，都采用的是无厂化模式，要将完成的GDSII布局文件交付给另一家半导体公司进行生产。然而到了90年代中期，成本考量加上台积电等纯晶圆代工厂的出现，以及博通、高通等无厂化半导体创业公司的发展，原有的专用集成电路客户和新兴创业公司都开始转入无厂化模式。

市场上涌现出许多横向竞争、与多家代工厂合作的知识产权供应商，包括阿迪森（Artisan Components）和维拉奇。它们取代了过去的专用集成电路供应商，为许多公司提供标准元件和存储器。新思与这些崭露头角的知识产权供应商迅速建立起合作关系，向无厂化公司推出类似专用集成电路流程的设计工具。2000年，新思与台积电合作开发出第一套与专用集成电路公司类似的代工厂参考流程TSMC Reference Flow 1.0，转向代工流程的终端用户对此十分认可。

另一项重大转变出现在知识产权市场。此前，专用集成电路供应商和新兴的第三方知识产权市场提供的关键模块，除了新思的DesignWare，几乎全是硬核。* 新思在前期几度尝试将重要的数字模

---

* IP核，即知识产权模块，是指那些已验证、可重利用、具有某种确定功能的芯片模块。IP核分为软核、固核和硬核。——译者

块产品化,终于解开了寄存器传输级编码与实现的方法论难题,在寄存器传输级软核领域持续收获成果。意想不到的是,安谋公司当时恰好也在谋求更好的途径,希望通过多家专用集成电路供应商和代工厂制造广受欢迎的ARM7TDMI处理器。新思与安谋达成合作,就ARM7和ARM9处理器开发了可综合的寄存器传输级版本,设计出第一个参考流程,还提出了"银河"实现参考方法(Galaxy Implementation Reference Methodology,简称iRM),将软核的灵活性与硬核的性能、范围和可预测性结合起来。安谋公司又以可综合传输级寄存器形式开发了后续的处理器,并与新思合作设计相应的实现参考方法。施普林格出版社出版的颇为流行的《重用方法论手册》(Reuse Methodology Manual)中收录了这种寄存器传输级的模块设计和交付方法,如今依然被广泛使用。

新思将安谋、台积电、三星、格罗方德、联华电子等视为关键的合作伙伴,也和陶杰斯(TowerJazz)、东部高科(Dongbu)、美格纳(MagnaChip)等业界领先的混合信号代工厂建立了合作关系,这照亮了通往下一个工艺节点的发展道路,指向新的工具与方法,共同展望更高的设计效率。

互补性收购

在核心业务之外,新思也不断耕耘对客户意义重大的新兴领域,内部技术创新结合外部战略收购铸就了公司的辉煌。针对阿凡提和微捷码的互补性收购是两个至关重要的例子。其他的关键收购还包括维罗、辛普利、维拉奇、易福和思源。

随着模拟/混合信号(AMS)设计面临的挑战逐渐升级,新思收购了几家技术互补的公司,以解决多种设计问题。收购名单包括纳斯达(Nassda,AMS仿真)、桑德华克(Sandwork,AMS验证)、美普思公司(MIPS Technologies)模拟电路知识产权事业部,以及两家推出了定制模拟设计工具的公司希尔诺瓦(Ciranova)和思源(Spring Soft)。思源在验证领域同样拥有重磅产品,也为新思在这方面的收购历史写下了成功的一笔。

收购阿凡提、西格玛(SIGMA-C)和集成系统工程公司(ISE)后,新思的产品线加入半导体器件和工艺仿真工具。收购努美(Numerical Technologies)和鲁明公司(Luminescent Technologies)后,掩模综合与数据预处理成为新思制造类工具产品线的重要补充。在高性能、低成本光学系统的设计与分析方面,相应的解决方案也获得质量上的提升。在这方面,新思收购了光学研究协会公司(Optical Research Associates),一家业界领先的光学设计、分析与建模软件供应商,以及亚索公司(RSoft Design Group),一家光子学设计和仿真的软件开发商。

领导层多样化

一流的公司都拥有强大的人才队伍和可靠的领导核心。过去多年里,新思打造的团队拥有多样化的全球背景,掌握了跨度几十年的半导

新思共同CEO:阿特·德吉亚斯与陈志宽(Chi-Foon Chan)

体行业技术要领。公司设有多名共同CEO,这一点便体现出这种多样性特点与专业水准。

自1998年起,陈志宽博士担任新思董事长兼首席运营官,2012年起与德吉亚斯博士共同担任首席执行官。两人的合作富有成效,推动着公司业务朝纵深方向发展。

德吉亚斯博士的理念是:倘若某种东西存在价值,该如何进一步提升其价值?正是凭借这一理念,德吉亚斯认识到培养人才、发展技术、加强教育将带来激动人心的成果,不断催生创新的延续。未来将会如何,我们拭目以待。

第七章
知识产权

当今电子行业的创新态势不可缺少的是一种无法忽视的关键使能技术:半导体知识产权,或简称IP。没有它,创新难以为继。过去,电子产品的各种元件,像微处理器、存储器、音频/视频编译码器、输入输出控制器及其他功能部件,都分布在不同的芯片上,如今所有这些部件功能都集成到了单一的片上系统中。

相比单一功能芯片,片上系统更具价值,因为它们的性能更强大、功能更丰富,同时占据的空间更小、功耗更低。与此同时,片上系统的制造和封装效率更高,使它们在财务上表现出明显的优势。这一切,都归功于知识产权商业模式的发展。

虽然知识产权往往指某一行业中的一般智力成果,如商标、专利和版权,在半导体行业中,它往往指代半导体知识产权,即SIP。不过,业界一般就称其为IP,本书也是如此。

知识产权业务的发展过程

知识产权业务的发展,与专用集成电路业务、无厂化模式、EDA行业和纯晶圆代工厂发展带来的种种变化息息相关。回想一下,许多电子系统制造公司曾经自行完成前端设计,然后将设计成果移交给专用集成电路公司(如VLSI技术公司、LSI逻辑公司或IBM),由它们完成设计的物理实现和制造过程。然而到了20世纪90年代,系统公司开始改变设计方法和商业模式,自行完成从概念到流片的全流程设计,再委托代工厂进行制造(通常也包含芯片封装和测试)。这样一来,系统公司就和半导体公司看上去相差无几。

有三个因素促成了这种变革。第一是各种现成可用的高效物理设计工具,第二是台积电等纯晶圆代工厂提供的晶圆制造服务日益丰富。不过,新模式的运作还需要第三种关键因素——可供业界各方使用的标准元件库和存储器,它们是任何设计的基本组件。历史上,半导体公司自行设计这些元件,各公司因此拥有独立的标准元件库和存储器。可是,没有一家半导体公司开发的标准元件库和存储器能在质量上取得压倒性优势。与此同时,这些知识产权模块需要大量的设计维护工作,尤其是需要跟随制造工艺的演进持续地更新。20世纪90年代初经济衰退时,半导体公司纷纷发现,雇佣一大群仅仅开发元件库和存储器的员工根本行不通。

系统公司不具备内部开发自有知识产权模块的技术能力,而曾经开发和授权模块的半导体公司正在迅速解散自己的知识产权团队。忽然间,业界明显渴求一种新型公司,它们专注于开发标准元件库,并储备了相应人才的资源库。这时,系统公司开始掌控全设计流程,对元件库和其他模块的需求推动知识产权业务迅速发展起来。康帕斯、阿迪森、维拉奇等公司填补了这一市场空缺。虽然这已经是半导体知识产权的技术内容,但当时尚未使用这一名字。人们仅仅称其为元件库业务,以便与其他EDA业务区分开来。

在20世纪90年代初,某个代工厂只拥有某些特定的元件库。代工厂业务起初仅仅只有芯片制造,不久后人们便清楚认识到,能及时推出高质量的标准元件库和其他模块,将是推动代工业务向前发展的重要力量。这一认知转变使得知识产权业务模式在90年代末出现了显著变化。当时,阿迪森与台积电达成协议,设计师倘若选择台积电作为代工厂,便可免费使用阿迪森的元件库。阿迪森从提前授权模式转变为依托代工厂与晶圆价格无形绑定的专利收费模式。曾经需要花费100万美元的标准元件库如今免费提供给客户,由代工厂根据晶圆销量向知识产权公司支付相应的专利使用费。

这种新商业模式使阿迪森、维拉奇等知识产权公司获得良好的市场价值。

随着时间流逝，片上系统的规模日渐庞大，系统公司不仅需要元件库，还需要其他功能模块，如处理器。处理器知识产权业务的诞生，主要源于80年代末苹果与常被称为"英国苹果"的艾康公司（Acorn Computer）开展的合作。此次合作产生的安谋公司（ARM），后来发展为最成功的知识产权公司，它推出的处理器几乎应用在所有现代移动电子设备中。

当安谋公司认识到"牛顿"掌上电脑无法如预期般大获成功时，便开始向所有来客提供微处理器技术的授权。时机赶个正着，因为越来越多的系统公司开始自行设计芯片，而越来越多的二线半导体公司也需要用到微处理器。当多家手机公司将ARM7TDMI产品标准化为第二代手机的控制处理器时，安谋公司便自然确立起业务上的领先地位。

一旦标准元件库、存储器和微处理器可以广泛授权给所有用户，从商业和技术的角度来看，各公司便有可能设计出更为复杂的芯片，再交付纯晶圆代工厂或集成器件制造商自有的晶圆厂完成制造。

片上系统提升知识产权需求

随着片上系统的功能日益丰富，业界对知识产权模块的需求也增多了，如USB和PCI接口。由于这些接口都存在着行业标准，各公司少有机会通过设计出"更好的"接口模块来实现差异化。在这时，即20世纪90年代末，这种模块开始被称为知识产权。这一领域的准入门槛较低，部分原因在于它只需几名知晓如何设计接口模块的设计师。90年代末几乎出现了几百家小型的知识产权公司，其中大多只推出了屈指可数的接口模块。

激烈的竞争压低了价格。起初，知识产权模块的销售由前期授权费和后期制造环节代工厂支付的专利使用费构成。随着授权费走低，专利使用费也只对微处理器等极少数具有排他性的模块收取，小公司因而大多没有胜算。形势逐渐明晰，只有产品多样化才能在知识产权市场获得成功，模块数量屈指可数的公司注定无望。

各种各样的公司纷纷涌入知识产权市场,包括EDA公司。明导通过外部收购和内部开发,建立起规模庞大的知识产权模块产品线,却没有在这个领域取得瞩目的成绩,最终退出市场,几年后才通过多次收购再次入市。新思拥有某些名为DesignWare的模块,最初主要用于往自家的综合工具和方法中加入加法器、乘法器等高级模块。通过收购维拉奇等公司结合内部开发,新思不断扩大其产品组合,如今成为仅次于安谋的第二大知识产权供应商。铿腾依样收购了德纳里、腾思、科米等公司。网站SemiWiki.com提供了完整的EDA公司主导的知识产权模块收购清单。

讽刺的是,行业标准作为知识产权业务的关键催化剂,也大大增加了在无差异化知识产权市场中盈利的难度。PCIe、DDRx、USB、MIPI和其他接口模块往往差异甚微,因为相关技术规范都已被行业标准固定下来。除了成本和质量,这些模块都应该是相同的。它们提升了片上系统的开发速度,降低了成本。但就基于标准模块的知识产权而言,供应商无从展示自家产品相比竞争者而言优势何在。对于低价值模块,潜在客户可以购买也可以自行开发,于是大大压低了价格。此外,客户没有什么理由二次光临,这与EDA行业中发生的情况完全不同。例如,客户倘若使用了新思开发的90纳米布局布线工具,就很可能继续使用新思的65纳米工具,因为更换设计工具、重新培训工程师会有额外开销。但如果从一家公司购买了USB1接口,并没有什么理由相信该公司将开发出业界领先的USB2接口。

知识产权行业里,提供高技术含量模块的公司才能收获不俗业绩。业内存在着三大细分领域——微处理器、片上通信架构和模拟芯片,各公司主要在其间竞相追逐。

作为头等的高价值模块,微处理器不仅仅是硅片上的结构设计,还需要编译器、调试器、在线仿真器、操作系统等,有一摊子周边生态系统。就微处理器知识产权业务而言,准入门槛并非设计微处理器的难度,而是这一生态系统。在这一方面,安谋公司的成果最为显著,它变革了微处理器市场,采用更为合理的商业模式。前期收取授权费,再从采用安谋模块的客户销售出的每一块芯片中收取专利使用费,也从相关的开发工具和客户支持工作中获得收入。安谋还于2004年购得阿迪森的元件库,打造出首屈一指的安谋生态系统。

然而,安谋在微处理器授权领域并非一家独大。还有两家也引人注目,一家是硅图公司(Silicon Graphics)衍生出来的美普思公司(MIPS),总部位于美国,推出的处理器相比ARM架构性能更强,同时功耗也更高;另一家是英国的想象科技公司(Imagination Technologies),提供全套处理器授权,其中最为知名的是它的图形处理器(GPU)。在电视机顶盒(以及后来的数字视频录像机、视频游戏控制台)市场和桌面打印机市场,美普思处理器都业绩不俗。

手机市场发展起来以后,美普思认为手机业务利润低,进军移动处理器市场没有意义。在功能手机逐渐转向智能手机的过程中,想象科技公司推出的PowerVR图形处理器应用在许多智能手机上,最有名的莫过于iPhone。2013年,想象科技公司以1亿美元收购美普思的运营业务和特定专利产权。此举使美普思迅速稳定下来,此前它正因前途未卜难以获得客户青睐。鉴于想象科技公司在全球多媒体和通信技术领域的领导地位,此番收购看起来让美普思的中央处理器架构和IP核花落名家。

提供微处理器授权的还有其他公司。新思于2010年收购维拉奇后,也拥有自家的微处理器架构,名为ARC。而在数字信号处理和音频等其他专业数据平面应用领域,则有赛沃(CEVA)和腾思(在2012年被铿腾以3.8亿美元收购)。这些公司在半导体知识产权领域之外,推出了种种工具和软件,构建起整个生态系统。这些微处理器的出货量都以十亿计,某些甚至达到百亿级的规模。

第二种高价值模块是通信架构,用于芯片上的模块之间。该领域中的两大公司是索尼克(Sonics, Inc.)和亚特里(Arteris, Inc.),两家都拥有片上网络架构。同样地,系统公司自行开发通用的片上网络,投资过大。所需专业技术加上大量的软件和验证数据工作,使准入门槛有些高不可攀。

最后是模拟模块,这一领域不会面临"造还是买"的问题,因为大多数系统公司都无法自行设计出DDR PHY(连接片上系统与其存储子系统的物理接口)之类的东西。知识产权公司德纳里专注于开发这一类型的存储接口。2010年,铿腾以3.15亿美元收购德纳里。随着工艺技术不断推进,模拟设计变得更为困难,其价值也逐渐提升起来。拥有开发能力的公司将获得持续的发展。

当然,推动知识产权业务发展的还有其他因素,包括将模块从一种制造工艺迅速迁移至下一种工艺的技术能力,以及进一步推动知识产权向新工艺节点和元件库快速过渡的、基于程序语言的新综合工具的出现。不幸的是,本书篇幅不足以涵盖所有公司、技术、灵敏的商业策略及种种机缘巧合。

接下来的章节中,全球知识产权界的两大领军企业,安谋和想象科技,将回顾自身历史,讲述其在知识产权行业发展进程中的角色。

自述：安谋 ARM

安谋公司就是知识产权的代名词。对于这一行业呈现如今的态势，以及现代电子器件的快速发展，安谋公司的功劳超过了任何其他知识产权公司。本篇中，安谋将讲述自家历史。

1985年4月26日，确切说来是下午3点，第一块ARM芯片诞生了。它的设计包含有25 000个晶体管，采用3微米工艺技术制造，只覆盖了两层金属。

然而在当时，只有ARM中的"A"代表的Acorn（亚康公司），安谋尚未成立。亚康面向学校销售电脑，因此成本是其主要的着眼点，意思是说，当BBC Micro计算机中老化的8位6502处理器需要替换为功能更强大的微处理器时，价格必须低廉。

BBC Micro 计算机

不幸的是，当时市面上可选用的处理器不够廉价，于是亚康总经理赫尔曼·豪泽（Hermann Hauser）认为公司应该自行开发32位处理器。同时，他为公司设计团队赋予了其他微处理器设计团队不具备的两项优势——没钱又没人！这样一来，设计必须简单明了，而第一个ARM参考模型确实也只以808行Basic语言代码写就。

有趣的是，虽然ARM芯片第一次成功启动，功耗却似乎为零，至少电流表的读数是如此显示。后来才发现测试板出了问题，芯片并未成功上电，运转时仅仅依靠输入输出设备的漏电。为了降低芯片成本，低功耗成了极具价值的衍生效果，结果这成为安谋在新兴移动电子市场获得成功的关键因素。

1990:安谋公司成立

1990年初,苹果公司着手开发一款名为牛顿的"个人数字助理",正四处寻找一种低功耗的核心处理器。苹果对ARM芯片很感兴趣,却不愿意基于亚康的知识产权开发产品。因此在1990年11月27日,苹果、亚康和VLSI技术公司合资成立了安谋。

安谋公司所在的谷仓

最初的办公室由一座17世纪的漂亮谷仓改造而成,位于英国剑桥郊外。苹果投资150万英镑现金,亚康投入研发ARM芯片的12位工程师,VLSI技术公司提供了设计工具。三家公司成为安谋最早的一批被许可方,虽然当时并未使用这一词汇,因为起初并没有任何大规模对外许可芯片的计划。

接着,安谋着手扩展架构,以满足苹果公司提出的32位寻址和字节顺序要求。1992年1月,ARM610芯片下线,"牛顿"个人数字助理于1993年推向市场。

合伙模式

不幸的是,牛顿并未大获成功。安谋公司的首席执行官罗宾·萨克斯比(Robin Saxby)于是决定采用如今所称的知识产权商业模式,来推动业务增长。这一做法在当时极不寻常。那时候,一颗微处理器就是芯片的全部或大部,体积之大还无法嵌入到片上系统中,虽说在摩尔定律的作用下,局面即将迅速发生改变。

其后,在1992年,普莱斯半导体公司(GEC Plessey Semiconductors,英国)和夏普公司(日本)成为第一批授权获得者。第二年,席勒斯公司(Cirrus Logic)和德州仪器也加入进来,成为美国的首批授权获得者。

多家半导体公司得到了ARM处理器授权,它们前期需缴纳授权费,后续根据芯片产量支付专利使用费。此举有效刺激着安谋公司帮助合作伙伴尽快提高出货量。

这种知识产权授权商业模式的一个有趣之处,在于它的收费链条很长。从完成授权到实际产生专利使用费,可能需要数年的时间。

安谋刚成立时,由内部软件团队开发公司所需的编译器、汇编器和调试器,但包揽一切的做法不可能永远持续下去。安谋依然是家小公司,处理器架构面向的是细分市场,需要将产品线工作委托给风河(Wind River)等开发实时操作系统的公司,来支持这一架构。

苹果公司推出的"牛顿"个人数字助理

随着ARM架构的授权范围日益扩大,公司大力开展合作伙伴项目,确保被授权方的任何需求都能从第三方供应商构建起的生态系统中得到满足。合作伙伴面临的经济形势发生了改变,渐渐地,在被授权方圈子里开展销售成为快速发展的契机,而是否支持这一架构视乎企业的自主选择。

1994:"Thumb"——重大突破

1993年,诺基亚计划委托德州仪器为即将到来的GSM手机生产芯片组，德州仪器提出采用基于ARM7的系统以满足诺基亚提出的性能和功耗需求。不幸的是，诺基亚拒绝了这一提议，因为基于ARM7的方案由于内存占用问题导致系统成本过高，它采用的是32位处理器，每条指令都需要占去4个字节。安谋公司提出了一种根本性的解决思路，开发ARM指令集的子集，每条指令只需要16位。代码密度因此提高近35%，内存占用也可与16位微控制器相媲美。

这一指令集后来被称为"Thumb"，它实现了重大突破，将诺基亚拉入了安谋的阵营，可以说此举又将安谋推入了手机市场。第一款使用ARM处理器的GSM手机是诺基亚6110，广受欢迎。其中使用的ARM7TDMI内核处理器后来成为安谋公司最成功的产品之一，授权给超过170家公司使用，自1994年推出以来出货量累计超过100亿枚。

事实证明，对安谋而言，时机可谓刚刚好。ARM7TDMI推出时，手机市场开始出现爆炸性增长。ARM成为移动通信领域的标准处理器，如今依然如此。这不仅意味着芯片的出货量巨大，也意味着任何一家希望进入手机市场的半导体公司都需要获得安谋的授权。

数字设备公司（Digital Equipment Corporation，简称DEC）便是获得ARM架构授权的公司之一。数字设备公司并未申请任何特定芯片的授权，而是申请架构授权，它利用自家工艺打造出自用版本的芯片，在经过深度优化后甚至功耗更低、性能更强。这款芯片于1995年问世，名为StrongARM。到这里，故事出现了有趣的转折。当数字设备公司芯片开发事业部被英特尔收购时，许多团队成员集体出走。英特尔将StrongARM更名为Xscale，最终又将通信业务整体出售给美满电子公司（Marvell）。出走的团队成员此后建立帕洛阿尔托半导体公司（PA Semiconductor），设计出功耗极低的PowerPC芯片。2008年，苹果公司收购帕洛阿尔托半导体公司，获得ARM的架构授权,曾经的数字设备公司开发团队如今成为苹果处理器开发团队的核心,基于的是……ARM架构。2013年,苹果公司推出首个64位ARM架构,相应的A7处理器嵌入了iPhone5手机和iPad Air平板。

1997年末,安谋业务规模达2700万英镑,净收入达300万英镑,是时候上市募资了。1998年4月17日,安谋在伦敦证券交易所和纳斯达克联合上市,首次公开募股的发行价为每股5.75英镑。股价迅即飞涨,安谋的身价几乎在一夜之间达到十亿美元。

走向可综合的核心

如今的芯片面积已经足够大,微处理器只占据其上一小部分,因而可以在单一芯片上开发基于软件的系统,也就是片上系统。片上系统的组成部件中,微处理器最早开始采用知识产权商业模式,因为大多数设计团队既缺乏技术能力,也没有自行开发微处理器的意愿,显然也无法开发出芯片运行所需的编译器和调试器这类工具。这样一来,越

诺基亚6110手机

来越多的片上系统设计采用了ARM架构,尤其是在爆炸性增长的手机市场,ARM逐渐成为实际上的应用标准。

然而,ARM的核心是面向特定技术的"硬核"。人们不久后便清楚地认识到,将其与多种不同的技术对接的确产生了瓶颈,技术革新已经不可避免。市场需要一种可综合的核心,任何公司在获得授权后,无须经过特定的技术接口即可使用。

2001年,ARM926EJ-S产品问世。这一完全可综合的核心拥有5级流水线和高效的存储管理单元,硬件方面支持Java加速和某些数字信号处理的功能拓展。这一核心随后授权给全球100多家芯片供应

商,芯片出货量截至目前已超过50亿枚。

同样在2001年,安谋从亚康公司剥离时的首位首席执行官罗宾·萨克斯比退职,接任者是沃伦·伊斯特(Warren East)。

2004年:阿迪森

阿迪森公司的主营业务是设计与销售标准元件库、存储编译器和接口部件。这些配件都是可合成设计的基本组件,是构建复杂设计的一块块乐高积木。2004年,安谋收购阿迪森公司,增加了物理层知识产权业务线。

近年来,物理层知识产权业务的范围进一步拓宽,加入了特殊元件"性能优化包"(Performance Optimization Packs,简称POPs),对ARM芯片的合成流程针对特定工艺进行深度优化,尤其是为大量生产ARM架构产品的大型代工厂提供服务。

2005年:Cortex

公司随后推出的ARM9和ARM11系列架构引入了多线程、SIMD多媒体指令*、数字信号处理、Java加速等技术,进一步提升了ARM架构的性能。然而,这些处理器尚未触及其他规模可能更大的细分市场。公司于是在2005年调整业务方向,将ARM架构分为3个"类别",Cortex-A延续原有的高端路线,Cortex-R是新推出的高性能实时处理器,Cortex-M则主打微控制器产品。

2008年:多核

到了2008年,智能手机市场蓬勃发展,保持长续航的同时提升处

---

* SIMD即Single Instruction Multiple Data,意为单指令多数据流,能够复制多个操作数,将其打包在大型寄存器的一组指令集。——译者

理器性能成为业界面临的重大挑战。公司为此推出了多核处理器Cortex-A9 MPCore,可更好地应对多种处理性能需求大幅度的动态变化,如从手机闲置到播放音乐,再到3D游戏的全速运转场景。2011年,公司推出异构的"大小核切换"(big.LITTLE)技术,处理器性能得到进一步提升。高性能核心只在必要时响应执行处理任务,其他时间系统切换至低性能、低功耗的核心。

智能手机和平板主要搭载两种处理器,一种是由安谋主导的应用处理器,另一种则是图形处理器,由专用核心负责驱动高分辨率屏幕,播放视频和运行游戏。2008年,公司推出Mali图形处理器。和此前的ARM处理器核心一样,Mali后来成为全球授权范围最广的图形处理器架构。

2011年,公司推出的ARMv8架构提升至64位,并同时保持向后兼容当时所有32位软件的能力。此举的目的在于进军数据中心市场。数据中心运营成本的很大一部分是服务器运行和冷却时的耗电。公司推出的低功耗设计深受客户欢迎,可在保证相当业务处理量的同时降低功耗和成本,缩小体积。

如今

2013年7月,沃伦·伊斯特退休,西蒙·西格斯(Simon Segars)执掌首席执行官职务。当然,从Cortex-M0微控制器到面向企业数据中心的64位多核处理器,产品线仍在持续发展。中端处理器则面向利润丰厚的大规模市场,如低价的低端智能手机。

ARM如今是移动产品中的标准微处理器,尤其是iPhone或三星Galaxy等智能手机和iPad等平板电脑。高通骁龙、苹果A系列应用处理器、联发科芯片组以及大量低成本的功能机处理器,都是基于ARM架构。

安谋公司与合作伙伴构建起的生态系统如今被称为安谋互联社区,参与的公司超过1000家。这些合作伙伴提升了ARM架构的价值,高高筑起ARM处理器授权业务的准入门槛。

安谋公司于1990年创立时,获得授权的公司只有VLSI技术公司一家,芯片出货总量为13万枚。如今,获得安谋授权的公司超过280家,芯片出货量截至目前总计超过300亿枚。每天进入市场的ARM芯片达到2200万枚。公司首次公开募股时的估值不到10亿美元,如今市值已超过220亿美元。公司现有员工近3000名,而最初从亚康剥离时仅有13名。

自述：想象科技
Imagination Technologies

作为一家知识产权供应商，想象科技公司历史悠久，以图形处理器闻名于世。事实上，倘若你有一台智能手机，它很有可能搭载着该公司推出的处理器。本篇中，想象科技将讲述公司的发展历程。

图形处理技术于20世纪90年代中期开始进入活跃创新和爆发增长期。出现了第一款具备三维渲染、视频加速和图形用户界面加速功能的商用图形处理器，新的二三维图形应用编程接口，大量初创企业进入市场跃跃欲试，它们带来的种种创新最终推动图形处理技术从个人电脑和游戏机走入移动设备。

半导体市场迎来了许多让人期待的新面孔，其中便有1985年创立于英国的小公司维罗（VideoLogic）。维罗最初致力于开发图形和音

想象科技公司首席执行官侯赛因·雅萨伊（Hossein Yassaie）。围绕在他身旁的是应用该公司技术的多种产品

维罗公司的原始标识

频处理技术、家庭音响系统、视频采集和视频会议系统,技术上走的是将自研技术与领先的第三方方案相结合的路子。

维罗公司的重大创新是用于图形处理的分块式延迟渲染技术(Tile Based Deferred Rendering,简称TBDR),出现在20世纪90年代中期。公司开发的PowerVR架构首次将延迟渲染技术推向商用。延迟渲染的基本原理是绘制出可见像素点,将被覆盖或被封闭的像素点弃置不用。这与当时的传统流程截然不同,后者绘制所有像素点,即使渲染后的效果总是不够明显。利用分块式延迟渲染技术,PowerVR处理器可以优化系统内存的使用,极大地提升工作效率。

业务发展

1994年7月,公司在伦敦证券交易所上市,最初使用"维罗"一名,后来改为"想象集团"。从那时起,基于一系列战略合作与投资,公司业务开始快速发展。

1995年,公司与日本电气建立战略合作关系,设计出全球首款基于PowerVR的个人计算机三维图形处理器,维罗的系统部也利用这些芯片制造出个人电脑的品牌主板。图形处理器PowerVR1系产品PCX1、PCX2分别于1996年、1997年推出,曾在某些康柏个人电脑上作为贴牌生产的配件,迈创(Martox)等供应商也用它生产显卡。

PowerVR2系产品同样与日本电气共同开发,嵌入了世嘉公司(Sega)于1998年11月在日本推出的"梦工厂"(Dreamcast)游戏机,以及世嘉"娜奥米"(Naomi)街机系统。当时推出的娜奥米街机游戏包括世嘉的《死亡之屋2》和卡普空公司(Capcom)的《能量宝石》。

截至1999年,日本电气供给世嘉用于梦工厂和娜奥米系统的PowerVR 2DC芯片超过100万枚。

PowerVR2系产品也用于个人电脑(Neon 250图形加速器)和街机(除世嘉的娜奥米和娜奥米2之外,公司还推出了用于个人电脑街机平台的R-Cade Vision 250)。

世嘉梦工厂游戏机,1998年前后

1999年,公司与意法半导体公司建立战略合作关系,有力地推动了PowerVR技术走入多种新产品。次年,意法半导体推出KYRO,这是基于PowerVR3系技术开发的首款全功能个人电脑图形视频加速器。利用分块式延迟渲染技术,KYRO和KYRO II芯片都能输出高表现的图像质量,并以合理的成本水平提供整套的现代化功能集,从而推动着开发人员以高帧率创造丰富的视觉环境。

1999年,在英国设计委员会举办的千禧产品大会上,英国首相托尼·布莱尔(Tony Blair)宣布,授予PowerVR二维/三维图形处理器千禧产品奖。

商业模式变革

到1999年时,想象公司已经开发出大量的创新技术,并决定进军更广阔的应用市场。在首席执行官侯赛因·雅萨伊的领导下,公司正式重回知识产权授权的主营业务模式,同时更名为想象科技,以更好地展现公司经营活动的特点。

这样一来,公司分成了两大业务部。PowerVR技术部负责开发和销售PowerVR图形/视频技术,维罗系统部则推出一系列富有创意、屡获殊荣的产品,覆盖二维/三维图形和音频加速、家庭音响系统、电子音乐、数字视频光盘、数码娱乐、视频采集、视频会议等领域。不久,维罗的消费品品牌改名为"普瑞数码"(Pure Digital),后来又简化为"普瑞"(Pure)。此后,普瑞成为全球领先的消费类电子产品生产商,引领着主流无线音乐、音响系统和云娱乐服务,还在电视机顶盒等新领域推出了高级图形用户界面,不断开拓创新。

1999年,极富声望的实践领导大会奖(PLC)授予想象公司"年度公司"称号,该奖由普华永道、伦敦证券交易所与《金融时报》联合赞助,表彰了想象公司强大的管理团队和持之以恒的长期战略。不久后的2000年4月,想象公司获得两项女王企业奖,"企业创新奖"和"国际贸易奖"被授予该公司的PowerVR技术部。

推动移动设备上的图形处理革命

2000年前后,想象科技宣布了另一项长期战略决策,要将PowerVR架构引入移动设备。

20世纪90年代末,即使性能最强的移动处理设备在图形处理方面都毫无亮点,想象科技坚信,自家专为实现低功耗而设计的技术,将足以推动移动设备上的视觉应用革命。

凭借分块式延迟渲染等独特的创新技术,加上低存储带宽和低功耗优势,想象公司的PowerVR图形处理器在当时占据着绝佳位置,引领移动图形革命。2001年初开展的多项战略合作,以及同年推出的新系列产品PowerVR MBX,也为革命的上演做好了准备。

PowerVR MBX是一整套用于无线多媒体设备的二维/三维图形处理方案,提供两种版本,其中MBX适配高速应用场景,MB Lite面向低功耗应用。在想象公司的PowerVR芯片中,PowerVR MBX这款移动专用产品,首次应用到自家的PVRTC纹理压缩技术。PVRTC显著降低了图形处理器在执行纹理映射时的内存占用。

首批获得MBX移动设备使用授权的公司包括日立、瑞萨和德州仪器，MBX也是意法半导体公司"口袋多媒体"(PMM)平台的核心部件。许多业界领先的半导体公司迅速跟进，当时前十大半导体制造商中，就有七家生产该授权平台。

2002年，想象科技成立东京分公司，深度挖掘与日本消费类电子和半导体公司的合作机会。许多大型公司也在这一时期获得想象公司的授权，将公司技术引入新领域。2002年，想象科技与英特尔、前沿芯片(Frontier Silicon)等公司签订了新的大范围授权协议。

许多关键的战略合作伙伴，包括HI株式会社、互联技术公司(Connect Technologies)和安谋，推动了PowerVR技术的继续扩散。2002年，想象公司还作为发起人加入了科纳斯组织(Khronos Group)，推动开发采用开放标准的应用程序接口，使制造商可以利用新的图形处理技术，比如PowerVR MBX模块所提供的技术。

拓宽知识产权业务线

就在PowerVR催生出全新的移动产品之时，想象公司的首席执行官雅萨伊却已经开始谋划在应用图形处理技术之外提供大型的系统解决方案。2000年，公司收购了创立已达14年、专注数字信号处理的私营公司恩斯码(Ensigma)，进而在无线与互联网通信中获得音频、语音处理关键领域的专业技术和最新算法。

2001年，想象公司推出Metagence技术(后来简称"Meta")，进一步拓展了数字信号处理技术，并收购克洛斯公司(Cross Products Limited)，后者曾推出处理器开发工具CodeScape。

Metagence处理器架构抛弃了多数字信号处理器的低效方案，转而采用多线程技术，可在单一处理器上运行多个实时任务。基于Metagence架构的首个处理器产品是META-1。它曾应用于前沿芯片公司开发的单芯片数字音频广播/音频处理器Chorus FS1010，该处理器还用上了恩斯码团队开发的接收机技术。第一款使用Chorus FS1010处理器的产品是普瑞数码于2002年推出的EVOKE-1收音机，售价不到99英镑，上市后大受欢迎。

普瑞推出的EVOKE-1收音机，售价不到99英镑，大受欢迎。摄于2002年前后

直到2005年前后，该芯片依然用于普瑞产品，同时还用于其他厂商推出的数百种数字广播产品。后来普瑞产品采用了后续版本的Chorus片上系统，其上使用的是Meta和恩斯码的新技术。

Meta架构不断持续演进，加入了浮点运算单元，时钟频率不断提升，还能支持Linux和安卓系统，等等。截至2013年，Meta已经成为业界领先的音频平台，嵌入更新换代的各类产品之中。Meta还应用于想象公司多个视频与通信方面的知识产权平台。恩斯码公司的技术也持续发展，其应用设备的出货量以千万计。CodeSpace依然是想象公司的综合开发工具套件，为其可编程的知识产权模块带入了独有的高级功能特性。

2005：PowerVR图形视频处理技术的好年头

2005年是里程碑式的一年，公司推出了PowerVR SGX图形处理器架构。首次应用这一架构的是PowerVR5系通用着色图形处理器，并实现了可拓展、可编程和多线程。第一批SGX处理器面向主流高性能移动图形处理业务，支持最新的二维/三维技术，拥有的一整套功能超越了OpenGL ES 2.0着色器、微软Vertex和Pixel Shader Model 3的要求。着色器是应用于图形图像的高级效果，可以产生出更具真实感的图像。与传统的三维渲染技术不同,着色器可进行编程,让内容开发商的创意成为游戏、用户界面或应用在外观上的决定因素。

2005年,公司还推出了PowerVR视频编解码器知识产权模块。此后,公司推出5代PowerVR视频处理器(VPU),实现了硬编码与可编程技术之间的平衡关系,打造出支持多标准、多码流的高性能视频编解码器。截至2013年,运用想象公司PowerVR视频知识产权模块开发的处理器出货量超过6亿枚。

PowerVR图形技术引领市场

PowerVR图形处理技术的激增,引发业界关注。2006年,英特尔与苹果公司双双投资想象公司,此后也一直是公司的重要股东。2006年末,多家厂商生产的超过30种手机都采用了PowerVR图形处理器,它们包括日本电气、诺基亚、都科摩(NTT Docomo)、松下、三星、夏普和索尼爱立信。

此后,PowerVR的创新进步没有丝毫减弱。2007年,公司展出第一款OpenGL ES 2.0芯片。2008年,PowerVR图形处理技术已成为移动设备图形处理的事实应用标准,采用该技术的消费类产品出

利用PowerVR6系图形处理器运行最新的计算机图形程序

货量达到里程碑式的1亿多台,到2009年突破了2亿台大关。截至2010年,采用PowerVR技术的设备出货量达到2.5亿台。截至2013年,这一数字突破10亿,标志着PowerVR成为移动设备和嵌入式应用领域最成功的图形处理技术。

2012年,基于此前5个系列中使用架构的成熟实践与成功经验,想象公司推出了最新的PowerVR图形处理器。6系"Rogue"架构基于可扩展计算集群和可编程计算元件阵列,在保持高性能、高效率的同时,将功耗和带宽占用降至最低,处理速度几乎达到此前几代架构的5倍。

PowerVR图形处理器不仅能处理图像,还支持基于计算的应用程序接口,如OpenCL、Renderscript和Filterscript,因此具备大规模并行处理的能力,逐渐被称为"图形处理计算器"。利用这一技术,图形处理器将作为异构片上系统的一部分,越来越多地承担起"繁重的"处理器密集型计算任务。

认识到这一点,想象科技于2012年作为创办方加入"异构系统架构基金会"(Heterogeneous System Architecture Foundation),其他成员还有超威、安谋、联发科(Media Tek)、高通、德州仪器和三星。该基金会是一家非盈利性联合体,致力于开创和提供开放并符合标准的异构计算技术。

PowerVR开发者

想象科技于2001年首次推出图形处理软件开发工具包(Software Defelopment Kit,简称SDK),对客户接纳PowerVR发挥了关键的作用。这一工具包使得所有软件开发商都能够推出适配PowerVR的游戏、应用和功能,从实际使用中了解最大限度利用PowerVR的方式。该工具包不断进行着更新改进,以确保开发商能充分从其日渐丰富的功能中获益。

想象公司针对开发商的产品项目持续往前推进,在2005年推出PowerVR Insider开发项目后,2006年又面向开发商推出PowerVR Insider综合在线资源。如今,PowerVR Insider SDK已成为跨平台工具包,支持各种三维图形应用的开发场景,还专门为嵌入了PowerVR图形处理器的设备提供支持,确保用户能充分利用现有的图形加速硬件。2013年,PowerVR Insider开发社区的成员超过40 000名。

日渐丰富的片上系统知识产权

一直以来,想象科技在一系列技术领域持续发挥领头作用,推出了微处理器、数字信号处理、通信和视频方面的新技术,它提供的各种知识产权模块尤其注重高性能、低功耗和多标准支持功能。

2010年,想象公司宣布面向云端互联推出Flow系列使能技术。该技术已经成功应用于普瑞推出的市场领先的Flow系列互联音频产品。如今,想象公司的FlowCloud技术包括基于市场领先的知识产权模块和辅助性软件方案开发出的高度一体化可授权硬件,以及一系列互联网技术、云资源、云服务,它们还可以接入到覆盖面广、不断扩展的合作伙伴生态系统所创造出的服务与内容。

除了丰富现有的知识产权模块,公司也留意着持续扩张业务领域的机会。2010年,想象科技收购了两家新公司。第一家是哈罗(HelloSoft),全球领先的网络协议传输视频语音、无线局域网技术开发商。此次收购满足了4G时代网络运营商的关键需求,确保设备能通过多种连接技术访问不同类型的网络。

第二家是科斯(Caustic Graphics),该公司开发了软硬件实时光线追踪图形处理技术。光线追踪技术可以渲染影院质量的三维效果,接近照相写实水平,传统三维图形技术无法企及。自2013年起,想象公司将这一技术应用于Caustic Professional光线追踪计算机板卡,面向专业的内容创作人员,并计划在未来以知识产权模块的形式推出这一技术。

想象科技公司的技术门类仍在持续扩张,2012年收购了奈斯拉公司(Nethra Imaging),一家提供视频图像解决方案的半导体和系统公司。

获得这些技术之后,想象公司将继续专注于为未来的片上系统设计打造出完整的解决方案。

纳入流行的美普思架构

2013年,想象科技完成对美普思公司的收购。借此,想象科技往自家的知识产权库中加入了一种出货量巨大、生命周期极长的处理器架构,这大大提升了中央处理器产品的实力,为公司描绘出更为辉煌的发展蓝图。

在30多年的时间里,采用美普思技术的产品包括:任天堂(Nintendo)和索尼的游戏系统;迪什网络(Dish Network)、艾科斯达(EchoStar)和帝夫(TiVo)的数字视频录像机;思科、摩托罗拉的机顶盒;三星、LG的数字电视;思科、网件(NetGear)和领势(Linksys)的路由器;丰田、沃尔沃、雷克萨斯和凯迪拉克的汽车;惠普、兄弟(Brother)和理光的打印机;佳能、三星、富士、索尼、柯达、尼康、宾得和奥林巴斯的数码相机;以及不计其数的其他产品。自2000年以来,获得美普思授权的产品累计出货量超过35亿件。

美普思技术的核心是纯粹的精简指令集,相比其他中央处理器架构,这种精巧简练的解决方案可降低功耗,缩小芯片体积。美普思处理器拥有种种先进的技术能力,如硬件多线程、兼容32位和64位指令集架构(ISA)、保持入门级到高端产品的指令集架构具一致性。

持续创新

2013年的新年表彰会为首席执行官侯赛因·雅萨伊授予了骑士勋章,表彰其在技术创新领域作出的贡献。

2013年,公司开始为下一阶段的发展摩拳擦掌,全面聚焦片上系统方案。凭借PowerVR图形和视频处理技术,公司将支持4K超高清视频技术、图形处理器计算应用,并以光线追踪技术推动下一代三维图形技术的发展。此外,公司将利用恩斯码无线处理器(RPU)推动低功耗、多标准连接,凭借哈罗知识产权模块提供业内质量最高水平的网络视频语音、高清通话,并借助FlowCloud技术在云端实现服务提供商与用户之间无缝传送服务和内容。另一项关键性的战略计划,则是推动美普思处理器成为市场上的头号产品。

在普瑞消费类电子部,创新也在持续。凭借其在无线领域的强健根基,普瑞持续推动着产品和平台开发,因而大规模扩张了市场范围,将无线流媒体、互联网音频、无线广播、车内音频与广播、云服务和互联机顶盒囊括进来。对于想象公司在娱乐和内容领域建立的合作网络,普瑞是其中关键的一环。2012年,普瑞与日本安桥(Onkyo)、大众集团(VW group)、环球音乐集团、阿尔派(Alpine)、先锋(Pioneer)建立了合作关系,巩固了想象公司在娱乐技术领域举足轻重的地位。

想象公司凭借不断发展的音频技术,于2013年推出Caskeid技术,使多房间无线互联音频流实现无比精确的同步。普瑞开发的Jongo是第一款基于Caskeid的多房间系统,可以在无线环境下获得有线系统的同步体验和声音效果。Caskeid与想象公司的FlowAudio云音乐、广播服务无缝衔接,提供的音乐数量超过2200万曲,同时有成千上万的无线电台、点播节目和播客供人选择。

公司总部的想象科技大楼,位于英国赫特福德郡金斯兰力

市场研究公司高德纳(Gartner)发布的《2012年全球市场份额分析:半导体设计知识产权》报告显示,2012年第三方半导体设计知识产权的市场规模增长11.2%,想象科技同期增长了36.4%。而新近被收购的美普思公司也增长超过17%,超过了行业增长水平。调查显示,想象公司连续六年里一直是第三大的设计领域知识产权供应商,而且市场份额逐年增长。加上第四大的美普思,两家公司在设计领域知识产权市场上占据着11.3%的份额。

截至2013年6月,采用想象公司知识产权模块的设备累计出货超过50亿台,其中多数采用了该公司两种以上的技术。

第八章
半导体行业路在何方?

我们此前花了大量篇幅讲述半导体行业的历史,从最初发明晶体管和集成电路的新生光环,到不断变化的商业模式,再到塑造了现代电子世界的种种技术创新。可是,未来何在?

目前,由高度集成化片上系统驱动的智能手机和平板电脑是半导体技术最强大的市场推动力。即便如此,在过去五年里,半导体行业的营收增长依然相对平缓。关于半导体行业下一阶段的创新发展和营收增长,多位业内知名人士将在后面分享他们的观点。

摩西·格弗里洛夫(Moshe Gavrielov)
赛灵思公司董事长、首席执行官

我们总是不停地追求更为智能的系统,占用越来越多的通信带宽和计算资源。我们将拥有更智能的手机、更智能的网络、更智能的数据中心、更智能的工厂、更智能的汽车、更智能的能源,等等等等。从消费者到企业、工厂和基础设施,我们将更了解并进一步利用视觉、位置、应用、资源、服务质量和安全技术。对于小数据或大数据应用,以及自动控制处理、业务部署配置和系统全面管理,我们还需要投入更多的分析工作。

另一种趋势是,各种系统及其底层支持设备的可编程性得到提升。软硬件可编程的数据中心将以更开放的标准、更全面的思维进行服务器、存储和网络管理;推动由适应各种标准和频谱的大小型基站构成的新型无线异构网络获得更高的频谱效率;提高工厂对新模式、新衍生的适应能力;催生更具前瞻性的医用超声波系统、驾驶辅助系统,以及用于物体检测、使用了高分辨率摄像头和新型算法、可升级配备的高清晰度监测系统。

那些将智能技术与各种类型的可编程软硬件相结合的公司,将推动产品开发团队实现系统价值的最大化,以更快的速度向市场推出适应性强、复用度高、更新周期短的产品。运营商将因此提升它们的带宽利用率,提高服务质量,降低总体成本。终端用户则可以随时随地获得所需的服务。

可编程逻辑电路行业正出现重大变革,未来将推出日益智能的"全可编程"解决方案,驱动下一代的系统。从知识产权和嵌入式处理领域的智能化,再到高度集成化的可编程FPGA、片上系统和三维芯片,这一变革将重塑半导体行业业态。我想,一切都将变得更为智能……并且全面实现可编程。

西蒙·西格斯(Simon Segars)
安谋公司首席执行官

在安谋,我们致力于降低创新门槛。无厂化行业发展对实现这一愿景发挥了关键作用。它推动芯片设计技术的快速演进,让我们与合作伙伴共享意义重大的硅产品制造专业技术知识。通过将新增生产和运营集中到专业化代工厂,整个行业充分享受到规模经济的效应。这又让代工厂专注于生产创新,全行业得以在成本和设计迭代速度方面获益。自20年前安谋创立以来,我们的合作伙伴已经生产了超过500亿枚基于ARM架构的芯片。若少了无厂化行业发展过程中不断演变的设计到终端用户间无缝的供应链,我们的愿景将只是没有来由的梦想。

展望未来,无厂化的行业重要性将有进一步的提升,因为我们面临的快速变化迫使行业在每一领域不断提高效率。安谋正与代工厂、设计合作伙伴们一道,加速每个层次上的创新。从低功耗、低成本的180纳米技术到最前沿的鳍式场效应晶体管,以及中间的每一个技术节点,半导体代工厂都在不断创新。在芯片和设备领域,每年不断涌现的处理器应用新方式着实让人不能平静。手机行业催生了可穿戴设备这一新门类,也吸引人们拭目以待。嵌入式行业正往各种设备中加入互联机制,造就出一股快速发展的趋势,即人们常说的"物联网"。企业界正在利用低功耗服务器的解决方案。若缺少无厂化半导体行业,这些跃进式的创新将不可能出现。代工行业与无厂化运动将创新推向大众,创造出自由的空间,推动电子行业迎来最受鼓舞的时刻。人们正在测试新型的封装技术,某些将蓬勃发展,某些将步入消亡,这就是技术演化的本质。若不是代工行业为全球芯片厂商和创新人才提供了种种获取方便的共享技术,这一切将无从谈起。

展望未来之际,我们总会对无厂化行业和代工合作伙伴心怀感激。未来将带给我们不可思议的创新成果，包括从未预见到的种种产品。

阿特·德吉亚斯（Aart de Geus）
新思公司董事长、共同执行长

种种应用正呈现爆炸性增长，为半导体技术经济生态圈带来了巨额投资，与此同时，技术领域也正获得令人惊叹的进展。呈现在我们眼前的，是过去50年里应用市场在半导体技术的推动之下引发出的潜在动力。

一波又一波应用浪潮正开始拍打着市场的海岸。放眼望向各个领域，对芯片的渴望都正在大幅上扬："只要能让芯片速度快一点/功耗低一点/体积小一点，我们就能投入应用！"换句话说，半导体技术创新将在实际应用中得到最充分的体现。我们将进入"万物智能"的互联世界，每种事物，可能每一个人，都将具备由芯片驱动的计算能力，拥有一个IP地址。

这一切的"智能应用"已经创造出巨量的数据，"大数据"的传送分析也将以前所未见的速度耗用计算资源。智能领域扩张的可能性如此之高，应用世界的资本终将寻迹而至，推动半导体行业的投资与发展，实现智能化愿景。

作为半导体生态圈中的一分子，我们的职责就是以合理的价格实现这一切。这也许并不意味着时时廉价，但我们定然需要确保"质量更高"、"速度更快"，才能紧跟半导体食物链上每一环节的创新步伐。

好消息是，在制造领域，随着每一枚鳍式场效应晶体管芯片经过流片，鳍式场效应晶体管技术将逐渐获得发展的动力，而设计领域同样前景明朗。在电子设计自动化和知识产权行业，我们看到的是近期的自动化技术重大进展正在业界铺开的强劲动力，系统性知识产权模块的重用组装也取得了喜人的进展，这将加速设计进步，降低成本。

沃尔登·莱因斯（Walden Rhines）
明导公司董事长、首席执行官

电子设计自动化行业历史性增长的背后，是种种新设计挑战的涌现。相比早期的电路图绘制和仿真，印制电路板设计、芯片布局布线和物理验证技术快速提升了设计人员的效率。过去十年里，电子设计自动化行业的一切发展如知识产权模块销售、分辨率提升、电子系统级设计、形式验证、面向制造的生产等，几乎都源于新的设计方法论需求。未来的发展模式很可能与过去类似：以电子设计自动化技术应对设计领域挑战的同时,为新的设计问题提供解决方案。

随着芯片设计走入14纳米、10纳米和7纳米领域,我们将需要分析新的物理设计问题,例如可靠性、电迁移、热效应、压力、极紫外光刻分辨率提升和成品率分析。系统设计公司过去采用半自动方式完成的工作,未来将更大规模地采用电子设计自动化技术来完成。最明显的是汽车和航空领域,因为汽车与飞机的电子系统复杂度可能正以每年5%或更高的速度飞快上升。多久以后我们才能完全模拟汽车或飞机的全部电子行为?时间很久。但我们已经可以设计和优化电子互联系统,验证安全设备和环境设施的正确操作,权衡成本、重量与性能,为汽车设计、制造和服务提供完整的电子数据库,这发展中的一切也将成为未来十年里电子设计自动化行业增长的重头戏。

陈立武(Lip-Bu Tan)
铿腾公司董事长、首席执行官

半导体革命持续塑造着我们生活的世界。如今,许多激动人心的趋势正推动着半导体行业往前发展,催生出新的需求,包括移动互联网设备、云计算、可穿戴计算技术、社交媒体、"物联网",等等。当前(2013年),已经投入使用的移动互联网设备超过100亿台,到2020年预计将达到500亿台。

虽然这些趋势创造出了大量需求,半导体公司同样面临严峻的挑战。其一是上市时间,业界总是希望在更短的时间内完成更多设计,虽然设计的复杂度正在飞速上升。其二是伴随芯片演进,需要开发、集成和验证的软件数量也日益增多。

芯片技术正面临与日俱增的挑战。20纳米及以下的先进技术节点需要使用如双重曝光这样的特殊技术、鳍式场效应晶体管之类的新型晶体管,以及能够设计并验证数千万个晶体管的工具和方法。芯片必须拥有高性能、低功耗,并适应日渐小型化的封装规格。

面对这些挑战,半导体行业只有开展深度合作才能获得下一阶段的创新与成功。许多年前,少数几家大型集成器件制造商把持着芯片的设计与制造。如今,由于无厂化半导体革命的推动,全球各地数以百计的公司和设计团队都在设计半导体产品。在更大的行业生态圈中不仅有无厂化公司,还有电子设计自动化供应商、半导体知识产权提供商及代工厂。任何一方都无法独善其身,携起手来方可共创辉煌。

阿乔伊·博斯（Ajoy Bose）博士

安传达公司（Atrenta Inc.）董事长、总裁兼首席执行官

众所周知，半导体行业处于变革之中。制造与内容（知识产权）的分离不断加速，让传统无厂化半导体供应商适应变化、把握形势的机会越来越少。中国的市场增长十分诱人，但中国以外的供应商却岌岌可危，因为快速崛起的中国半导体行业依靠20%的毛利率便可发展，而西方公司已经习惯了40%的水平。物联网是另一个大规模增长点，但利润率只可能十分微薄。无论喜欢与否，市场似乎注定充斥着低利润需求，在可预见的未来，竞争也将日益激烈，只有少数精英公司能够攀至食物链的高处，拥有更全面的系统，提供更多类的服务。

想要在这一形势下生存和发展，现有供应商必须提高价格竞争力，在主流内容外打造差异化产品。研发效率必须得到提高，尽可能提前交付可用的产品，尽快削减失败的投资，这意味着对设计流程实施更好的管控和风险规避。姑且不论社会政策，利润压力将继续推动离岸设计走向新的低成本区域，设计管控水平需要有进一步的提升。倘若2.5维或3维技术能够实现更高层次的集成，在旧技术节点开展设计则是削减成本的另一处契机。

内容差异化方面存在着诸多机会。可靠性与安全性可能是长期关注的焦点。超低功耗对物联网设备而言必不可少。

这些领域的差异化发展可能成为关键的竞争门槛，尤其是面对来自中国的竞争。在主流的工艺研发之外，市场上也可能出现其他重大需求，如新型传感器、微电子机械系统，甚至是更加复杂的非传统技术，如芯片实验室。对于工艺和内容领域里思维敏捷的创新者而言，未来一片光明，但留给不愿改变的供应商的时间已经无多。

杰克·哈丁（Jack Harding）

壹晶公司董事长、首席执行官

"摩尔定律"是我们行业里少数几个社会主流人群也耳熟能详的技术术语之一。芯片复杂度每18个月翻一番，单位门电路成本在每个工艺节点都会下降，这一结论意义深远。几十年来，这一概念指导着整个行业。目前，单位门电路成本似乎正在上升，新技术节点的应用速度变慢。摩尔定律走到终点了吗？半导体技术的路线图上真的已看不清去向了吗？

半导体行业之所以极负盛名，是因为这个领域出现了某些世上最大胆的创新。

该行业已经出人意料地解决了不计其数的难题，未来仍然有这种可能。事实上，由于三股主要的推力作用，我预测行业在未来几年里将加速发展。

第一，半导体技术将日趋多样化。由于2.5维和3维封装技术的出现，我们不再需要将所有系统功能集成于单一芯片。凭借这一创新，我们将以更具成本效益的方式设计制造出更为多样化的系统。

第二，半导体技术将无处不在。传感器技术和物联网革命便是这一趋势的例证。什么时候所有的天台地砖都能用于太阳能发电？什么时候所有的墙壁都将嵌入压力和温度传感器，以及电声转换器？显然，这些都是真正的"智能建筑"会提出的需求。改天去家得宝商场*逛一圈，也许会有迥然一新的体验。

第三，半导体技术将走入日常生活。凭借互联网，人们通过移动设备便可轻松获得各种技术与信息。半导体供应链可以快速解答芯片设计领域中高度复杂的技术问题，因此它正款款走向人们的手持设备。个人而言，我十分期待未来的到来。

凯瑟琳·克兰恩（Kathryn Kranen）
贾斯伯公司（Jasper Design Automation）首席执行官

电子系统已经革新了现代生活方式，人们得以近乎实时地获得每个领域专家的集体智慧，几乎随时随地可与任何人发起连接共享。脸书、亚马逊和谷歌的用户体验依赖于互联、协作与并发，背后得以实现的驱动力正是如今的半导体技术。我们已经能够预见到自动驾驶汽车和送货无人机；预见到冰箱和食物储藏室自动购买杂货；预见到可穿戴医疗系统监控传送人们的身体状况数据，分配药品以提升健康水平。

半导体开发流程的可扩展性和成本效益，限制了电子技术革新与半导体行业建筑经济辉煌的步伐。好消息是，电子设计自动化方案在过去30年时间里将工程效率提升了10万倍。尽管有了种种进步提升，如今的半导体开发流程中依然存在许多前后关联的或是孤立的步骤，会造成漫长的等待和环回时间。传统的半导体设计方法论是按照"设计—集成—仿真—实现—发现问题—重做"这一循环顺序开展的。迄今为止，半导体/电子设计自动化生态圈尚未充分利用其帮助创建出的互联、协作的网络世界。

---

* 家得宝（Home Depot）是全球领先的家居建材用品零售商，销售的商品包括多种智能家居设备。——译者

半导体/电子设计自动化生态圈在收获前期工作成果后,将赢来半导体开发流程升级的重大契机。倘若所有设计师都能实时了解相互间的依赖关系和对下游环节造成的影响,包括功能、软件需求、功耗、性能、物理效应、芯片成本等方面,结果将会是怎样?真正的并行工程需要结合三个方面:现有和新兴的电子设计自动化技术、半导体设计的最佳实践以及互联云计算平台完成的大数据分析。

将数字时代的种种创新引入半导体设计,我们可以大幅降低成本,缩短上市时间,实时利用上半导体与系统设计团队的集体智慧。

侯赛因·雅萨伊(Hossein Yassaie)
想象科技公司首席执行官

激发创新,就是寻找多个市场的断点,发现趋势。这就需要深刻理解市场背后的驱动力,以及如何开发技术与之匹配。移动领域也许是最佳的例证。第一批智能手机推出以后,甚至连行业内部人士都怀疑这些便携电子设备的前景是否可观。从那以后,智能手机逐渐成为主要的消费类计算设备。我可以欣慰地说,这一切的发生有部分原因在于想象公司引领的高性能、低功耗图形处理技术。

消费市场让供应链各成员得到了蓬勃发展,只有确保用户获得最佳体验,为消费者提供不同凡响、激动人心的独创产品,这种发展方可持续。整个行业必须逐渐领会到消费者需求,并聚焦工程技术以满足这些需求。

消费者对智能互联设备的渴望导致的某些设计需求十分明显。对于下一波可穿戴设备之类的大规模应用设备而言,低功耗指标的处理器十分关键,互联能力也是必备项目。

为了满足成本方面的种种限制,我们还将看到硬件发生全面的整合,而不仅仅是中央处理器与图形处理器的整合。多年来,在片上系统整合无线网络与蓝牙一直是集成工程师与设计人员热衷讨论的焦点。如今,下一代设备将在片上系统中集成无线处理器(Radio Processing Unit,简称RPU),提供环球电视、无线广播和全面的连接功能。

我们深知技术投资对消费者和社会而言的价值。我们的理念是:创造知识产权,推动社会组织间的沟通,提供各公司所需的解决方案,让它们可以为娱乐到电子健康等一系列应用领域打造更好的平台,高效利用能源与资源。

桑杰夫·考尔（Sanjiv Kaul）
卡里图公司（Calypto Design Systems）首席执行官

半导体行业也许是商业史上最具发展动力与创新精神的行业，受邀分享关于该行业创新和盈利前景的想法，我感到十分荣幸。这个行业改变了我们生活的许多方面，让我们无法想象一个没有半导体的世界。

中短期来看，半导体行业增长的推动力正逐渐变得明晰。越来越多的无线互联网设备将四处渗透，各种应用软件利用这些设备搜集的数据又通过云计算平台进行存储分析，总体进入良性循环。随着越来越多的设备接入互联网，我们将找到各种利用这些设备创造更多价值的方式。这一切都将导向"物联网"，即一切事物都接入互联网。这一市场动力将带动半导体行业迅猛增长，后者已经做好了交付产品的准备。10纳米以下工艺技术所需的创新在持续涌现，因此并不缺乏应对芯片需求的技术能力。我们要面临的是经济挑战。

半导体行业面临的挑战是盈利问题。鉴于行业的资本密集度，一家公司能产生足够利润以保持领导地位或实现类似目的吗？这就是行业里整合兼并多发的原因之一。20世纪80年代，日本半导体公司的统治地位似乎无法撼动。然而，随着个人电脑成为市场的主要推力，利润和支配地位也转向拥有独家X86架构的英特尔。由于其他公司大多难以支撑运营先进的晶圆厂，台积电及无厂化半导体公司纷纷涌现。顺着这一趋势，互联网革命又将市场和利润推向高通、博通等无厂化公司。如今我们面对的有趣问题是，在新一轮霸权之争中，哪些公司将脱颖而出？硝烟仍在弥漫，孰胜孰败难以预测，但其间经过将给行业结构带来深远影响。

斯里纳特·安纳拉曼（Srinath Anantharaman）
克里斯公司（Cliosoft）创始人、首席执行官

过去40年里，无厂化半导体业务模式的确削减了芯片投放成本。资金成本的大幅下降，催生出健康发展、竞争激烈的行业，许多创新公司纷纷登台亮相。为了满足市场上汹涌的价格与性能需求，设计团队持续扩张，挖掘全球精英人才。知识产权与设计服务供应商也参与进来，进一步提速开发流程，这增大了高效协作与设计数据管理的需求。

知识产权及模块重用技术的发展，将使芯片设计者面临更大的成本压力，因此低成本高收益协作所需的基本条件必须就位，以验证知识产权，确保服务质量，应对新技术、新市场和新产品即将带来的数据爆炸。无独有偶，我们还需要管理规模更

大、人员更多样、位置更分散的团队,确保以紧密协作方式可靠地共同完成同一项设计。除了利用新型工具降低功耗、提升性能、提高仿真水平等,设计公司还需要确保自身不会被管理巨量实时异构数据产生的问题压垮。设计链条上的所有工具和系统都必须高度整合,才能实现无缝的协作与内容控制。

芯片的模拟/混合信号功能日渐丰富,产生种类多样的数据,需要在多个地点和平台间共享。工程师之间的实时沟通协作,不论是同一地点或是跨越全球,也减少了昂贵费时的会议、容易出错的邮件往来以及点对点数据共享等多种需求。渐渐地,团队成员将需要掌握设计进度,以工作组模式汇总文件,轻松定位并回滚未获通过的设计变动。必须建立一整套拥有错误自动检验记录和把关功能的审计跟踪体系,才能将管理人员和工程师从日益繁重的沟通和数据管理任务中解放出来。

更智能的智能手机、可穿戴电子设备、无人驾驶汽车,看起来,电子行业的未来取决于电子设计自动化工具供应商。随着电子产品在各个领域的普及,我们全都会聚焦推动创新,降低成本。电子设计自动化工具显著提升了设计师的生产力,使他们跟上摩尔定律的步伐,但团队扩张往往会悄悄拉低效率。下一个可以轻松实现的目标,就是通过高效协作提升团队的生产力。

查理·贾纳克(Charlie Janac)
亚特里公司(Arteris)董事长、首席执行官

半导体行业沿着过去的发展道路继续前进,同时又面临着前所未有的变革。我们的行业正在加速某种趋势,将计算技术逐渐推近最终用户。起初是大型数据中心里的大型机,接着是与用户同处一层楼的小型机,随后是桌面上的工程工作站与个人电脑,如今则是口袋里装着的智能手机。

这些机器的计算能力比较而言并未发生巨变。可以说,20世纪70年代的大型机、80年代的小型机、90年代的工作站、21世纪初的个人电脑和2010年代的智能手机,它们的计算能力基本相同,改变背后的驱动力是集成度日益提升、产品尺寸逐渐缩小。相比一两年前的个人电脑,即将推出的智能手机将拥有相同的计算能力,具备更丰富的功能选择。在未来,将智能手机通过无线方式连接至键盘和多种尺寸的显示屏,可以减少人们感到设备尺寸不合用的问题,到那时,使用手机便可完成个人电脑的大部分工作。

这种演化会伴随智能手机的发展而停止吗?绝对不会。

作为片上系统互联技术的知识产权供应商,我们发现可穿戴计算领域正获得大额投资,可穿戴计算即在手表、眼镜、腕带和服装里都嵌入计算模块。许多此前相互隔离的物品,如体重秤、恒温器和网球拍,将以无线方式连接上个人电脑和智能手机,或直连云平台。万物正走向彼此互联。

这一长期趋势既带来契机,也潜伏危机,有赢家,也有输家。谷歌、亚马逊和脸书在市场上胜出的同时,就会有沃尔顿书店、印刷媒体和小型机厂商退出竞争。半导体产品得以进一步缩小体积、丰富功能的一个主要因素,依然是片上互联领域的技术革新,它将推动芯片集成越来越多的知识产权模块和硬件功能。

即将到来的可穿戴计算革命谢幕以后,半导体产品将走向何方?看似有些离奇,但我觉得完全有可能的是,未来会有使用可植入计算设备的一代人,它是低功耗计算与神经科学、医疗设备技术相结合的产物,将大大提升人类的能力。这一切很可能发生,具体时间却难以预测。当时机到来时,半导体技术将使之成为现实。

戴维·哈立德(David Halliday)
思发公司(Silvaco)首席执行官

许多人认为"物联网"和"万物智能"将成为半导体技术的主要推动力,但这一点我并不认同。虽然两者都有其积极作用,但它们仍然属于现有技术的增量扩展。尤其是物联网,所需的条件不多,主要是把连接管道通上电,同时它也会面临低成本、低利润的问题。

为了找到下一轮真正的推动力,我们需要进一步挖掘,眼光不应该放在自己身上,而要投向年轻一代,因为年轻人向来是驱动消费市场的主力。这一群体如今连接紧密,需要这样的互联机制对他们持续投放分散小块信息的轰炸:短信、微信、色拉布(Snapchat)、脸书、推特和红迪(Reddit)。而对于更具深度的体验内容,年轻人已经抛弃了印刷媒体,转向视频。光是这一点就足以确认,移动技术带来的革命远未结束。进一步眺望未来,谷歌已经在开发自动系统,以期提供某种交通工具,让人们在旅行中也能保持互联。进一步说来,倘若自动驾驶汽车成为现实,其他自动系统又何尝不能?自动系统需要的半导体器件数量惊人,从传感器到传动装置,都需要大量的可靠元件。

长期以来,消费者一直是半导体行业增长的驱动力,只有一场全新的大规模消费者革命,如自动系统,才能造就半导体行业的下一个黄金时代。其他应用会是不错的点缀,但不可能成为主角。

我们的确面临某些挑战,包括450毫米晶圆的高昂成本和极紫外光刻技术的持续滞后。因此在一定时期内，28纳米可能依然是单位晶体管成本最低的节点。这将带来新的契机，如三维芯片和堆叠技术。在模拟技术领域，共享微电子机械系统和模拟芯片正在流行开来，该领域一段时间内的增长速度将超过数字领域。

约翰·坦纳(John Tanner)博士
坦纳公司(Tanner EDA)创始人、首席执行官

自1988年创立坦纳公司以来，我们所处行业的技术创新速度让我着实惊讶，也备受启发。那些为行业生态圈带来突破的设计和工程人才，涉猎甚广，见解深刻，已对商业和社会产生了重大影响。身为行业中的一员，我感到十分骄傲。

我相信，互联与协作对行业未来的发展至关重要。想要获得成功，互联是必要但不充分的条件，有了它，协作才能生根发芽。我们需要建立行业内与行业间的互联机制，未来的技术和商业难题将更为复杂多元，我们因此需要引入跨行业的知识与技术。建立全方位、跨领域的互联机制，将是我们应对新技术挑战和限制的关键所在。设计流程上的变化也将激发我们形成新的互联机制。我们已经看到，设计与布局工作再也无法分头开展，两者需要建立起更为直接的联系。如此一来，各工作组之间也需要进行更频繁、更有效的互动。

培养正确的互联机制是协作的关键。和许多公司一样，坦纳与代工厂协作开发流程设计工具包，与技术伙伴一起实现能力拓展。如今，虽然已有这样的高效协作模式，我预测未来行业中将在新维度上构建协作模式。众包与合作投资模式也许可为电子设计自动化创业公司提供资金，让勇于革新的创业公司得到资源。美国国家工程院已为我们指出设计科学发现工具的重大挑战，并提出工程师需与科学家携起手来，为自然科学领域的诸多问题寻找答案。也许，这种协作模式可以引入我们的行业，让我们能集众人之智，关注诸多挑战中的某些议题，为生态圈引入新人才。

薛西斯·瓦尼亚(Xerxes Wania)
赛腾公司(Sidence)董事长、首席执行官

半导体行业路在何方？这是个好问题。我可以花整天的时间预测，但很可能最终得到的结果不过是一则预测。倘若能预测未来，我定会去玩转股票市场，而不会运营一家半导体知识产权公司了。我知道你肯定听过这样的事。话虽这么说，过去25年里我也曾任职于几家半导体创业公司，它们也都获得了不错的成绩。想来我的事业方向并没有错。

在我看来，半导体行业的未来将充满惊喜。大量的兼并收购将会出现，因为小型半导体和知识产权公司缺乏市场与销售资源，将被大公司收购，后者往往效率低下，新产品推出的速度十分缓慢。

真正让我心潮澎湃的，是电子行业里出现了自己动手的趋势，我喜欢称之为eDIY革命。上网浏览一番你就会发现，把玩Raspberry Pi和Arduino等廉价微处理器插板正变得十分流行。这不仅出现在技术达人圈，甚至那些不畏艰难希望省钱打造自己的媒体中心的中学生也参与进来。这些廉价计算设备功能强大，对它们的编程和控制也正变得越来越简单。在板件上加些存储和控制自动化专用电路，一切可以自由发挥。我认为，这种电路板的热度必然大涨。

3D打印机可能成为下一种大规模应用产品，家家户户都渴望拥有。想象一下，如果淋浴喷头、汽车尾灯、刀柄或电视遥控器按键坏了，人们可以用它按需打印出代替品。这一切不可能在一夜间实现，但一台售价不到200美元的3D打印机倒蛮可期待。

接下来10年到25年里，伴随电子设备需求持续增长，半导体行业也将稳步发展。我确信，发展动力将来自物联网、家庭自动化与监控、医疗诊断与保健、电动/混合动力汽车与无人机。

吉兰·凯泽（Ghislain Kaiser）
德科公司（Docea Power）共同创始人、首席执行官

智能互联设备、"物联网"和有机电子产品（将塑料或玻璃转化为智能平面），将引领新时代，创造出种种新的可能和应用场景，电子和软件技术是其后方阵营。越来越多的电子设备将融入生活，简化生活，真也罢假也罢，营销口号就会这么说。

新的应用场景也将带来新的设计挑战。现有行业焦点将转向更高水平的复杂性，使之成为新的关键业绩指标。安全性和功耗是这一点的两个例证。安全性将获得高度关注，人们担心的不仅涉及个人电脑和智能手机，还有平板、汽车和家居生活。功耗也是如此，大量简单的日常动作都会引发散布全球多块芯片的一连串活动，因为传感器、移动设备或智能器件会与全球各地的服务器进行通信。这一切将大大增加人类的耗能数据。

一方面，越来越多的人会将"各个击破"视为降低设计复杂度的正确方式。另一方面，由于某些问题普遍存在，我们也需要新的设计方法和工具，对设计进行全面优化与验证，提高工作效率。系统工具必将出现，以解决硬件（芯片、板件和多板系统

等)、软件、机械部件与用户体验间的特定交互问题。这样一来,设计全套应用的成本和技术要求势必降低,那些把制造业务外包的创业公司将迎来发展契机。

未来,一旦每种事物、每个人都加入互联,新的集体智慧将会涌现。有些人可能称之为"天网",但伦理和技术的关系自然要另当别论了。

朱迪·谢尔顿(Jodi Shelton)

全球半导体联盟(Global Semiconductor Alliance)共同创始人、主席

20年前,我与他人共同创立无厂化半导体协会(FSA),相信无厂化业务模式将定义整个行业的未来。该协会最了解行业向无厂化/代工厂模式发生的转变,它使得无厂化业务模式从获得认可、采用走向统治市场,近二十年的时间里我们一直对这一模式持拥护的态度。

近年来,协会意识到无厂化不应成为相互区分的标志,公司可能选择单一或是混合模式。就这一点而言,我们认可商业模式的多样性。为了跟上行业演变发展,我们将无厂化半导体协会更名为全球半导体联盟(GSA)。

半导体行业是现代技术创新的主要动力。在协会成员的支持下,我们努力展现该行业对社会产生的真正重大价值,它提升了生活质量和生产效率,影响并改变着诸多行业,如能源、医疗、通信、教育和娱乐。

眺望未来,行业面临的挑战之中也潜藏着机会,在我看来,这将决定行业的走向。行业里众多顶级的首席执行官们十分关注供应商、合作伙伴、客户和芯片设计方之间的传统界线正在变得模糊,他们也关心着我们的行业内部乃至与合作伙伴和客户有关的进一步兼并重组。

面对从硬件到软件的更大规模转变,行业生态圈将如何应对并做出变革,这会是一番有趣的景象。如今许多公司领导认为,初创公司若想在这一富有活力的行业里获得成功,在硬件之外还需要重点关注软件。

当然,我们将看到物联网逐渐普及扩散,数据交换也将借助云平台进一步得到加速。创新是推动社会发展的关键,我们的行业则是创新的焦点。这是个激动人心的时代,我期待着见证未来20年里半导体行业会如何塑造世界。

吉迪恩·韦赛泽(Gideon Wertheizer)

赛沃公司(CEVA Inc.)首席执行官

低功耗将成为未来半导体行业的主题。过去四五年里,移动设备和网络器件对

处理器性能的要求不断提高,导致功耗攀升,散热增多。从智能手机、平板一直到无线网络基础设施、数据中心,我们清晰地看到半导体行业亟须处理芯片能耗问题,专注于降低功耗与散热。此外,LTE演进、4K高清视频等先进技术,以及移动设备利用麦克风、摄像头获得的诸多"永远在线"新功能,在这种情况下都无法应用。

如今,半导体行业开始应对挑战,降低功耗。显然,一种方法是使用先进的低功耗工艺,降低漏电,实现低压运行。与此同时,存储器、标准元件的设计方法和混合信号技术也需要改进。另一种有效方法涉及芯片微架构,确切说来就是将三大支柱处理器——中央处理器、图形处理器和数字信号处理器,进行正确的组合,构建高效的异构系统架构。当前,依赖四核、六核和八核处理器提升处理能力没有解决功耗问题。优化片上系统各部件的工作负载分配,从而正确配置三大处理器组合,将极大提升片上系统的总体性能,节省功耗。例如,对于智能手机、平板和智能电视的许多实时应用场景,如脸部检测、物体识别和降噪,将数字信号处理器作为主要引擎可使功耗降低20倍。

这一想法最近催生出异构系统架构基金会(Heterogeneous System Architecture,简称HSA),其目标是改善异构并行设备的编程能力,帮助半导体行业更好地解决现有的多种功耗问题。

格兰特·皮尔斯(Grant Pierce)
索尼克公司(Sonics Inc.)首席执行官

消费者希望在功能日渐复杂、尺寸逐步缩小的系统中集成越来越多的传感器,这一需求推动半导体行业不断革新。这不是新闻,这是丛林法则,是摩尔定律,是"超越摩尔定律"。如今更是难以预料设备尺寸接近原子水平后,将会发生什么。然而可以预见的是,创新仍将继续。创新将响应市场的呼唤,半导体行业就是如此美好。

物联网便是如今驱动创新的市场呼唤。物联网技术将使消费者最终购买的产品变得很是不同,它会在以下这几个重要方面推动技术变革:

● 物联网引发移动设备数量激增,推动业界进一步关注如何降低各种状态下的系统能耗。在几乎每一层次的设计中以及整个知识产权领域,都会关注这个问题的解决。

● 许多,也许是大多数的物联网设备将需要自行获取能量。这将推动电子与机械并行的系统设计工具创新,混合信号设计技术的改进需求也会有所增长。

- 物联网设备将搭载种类多样的传感器，这也会进一步提升对电子/机械并行工具系统和更先进混合信号设计技术的需求。

- 在推行高安全标准方面，物联网设备将逐渐面临更大压力。物联网设备通过远程监视器和医疗设施，不仅可以连接日常物品，还可获取人类身体数据。安全成为第一要义。

- 上市时间压力加上设备类型的多样化，将在未来10年里推动软硬件协同设计水平获得3个数量级的提高。

物联网技术具全球影响力。研究物联网将把人类带往何方，见证人类社会接纳利用物联网技术后出现的变化，都将是很有吸引力的体验。我相信，知识产权行业将在这一领域为无厂化半导体行业做出许多重大贡献。我已经等不及亲见这一切成为现实。

特朗特·麦康纳基（Trent McConaghy）
索力多公司（Solido Design）共同创始人、首席技术官

在约翰·冯·诺伊曼时代，晶体管还只是实验室里的新奇玩意。那时人们使用真空管完成计算任务。真空管稳定性极差，会因为截留气体、缓慢漏气、灯丝压力及其他问题而出现故障，随时都可能停止工作。当时有技术团队全职负责更换损坏的真空管。计算机发明家康拉德·楚泽（Konrad Zuse）经过一番试验后发现真空管极不可靠，转而采用机电继电器。冯·诺伊曼则选择了另一种方式，试图通过正确的数学方法，把不可靠的元件打造成可靠的机器。1956年，他就此撰写了一篇论文。但仅在几年前，巴丁、布莱顿和肖克利率先发明了实用的晶体管。且不论其他优势，单就可靠性而言，晶体管就远远超过了真空管。真空管及人们对其可靠性的种种忧虑，都被抛在脑后。

如今，我们使用晶体管的历史已超过60年。在提高速度、降低功耗和增加利润这种种目标的推动下，晶体管体积不断缩小。然而，纳米级晶体管碰到了问题，因为晶体管已经接近于原子尺寸。门电路尺寸可能只有几个原子大小。只要生产误差导致几个原子的错位，我们钟爱的晶体管就会像真空管一样不可靠了。这一切正在发生，成品率下降了，性能迟迟无法获得进一步的提升。和修理真空管的技术团队类似，如今有大量测试人员负责调整芯片设备。缩小晶体管尺寸这一经济学逻辑正消失于无形。

若想进一步推进摩尔定律，我们需要做什么？回到冯·诺伊曼时代，遵循数学原

理,使用不可靠的晶体管设计可靠的芯片,这样做如何?

数学工具就摆在那里,那是统计学,是机器学习,也可以看作是统计学的现代分支。它是蒙特卡洛算法和相关的方差缩减技术。还有其他的统计计算工具,如矩匹配和密度估算。倘若你是设计工程师,将通过电子设计自动化软件利用这些现代统计工具。这些工具可以进行概率分析,处理器件层和电路层上的误差,维持上层电路的无故障运转。事实上,如今的半导体领军企业就在开展这样的设计。想要推出顶尖的芯片,这一点至关重要。

进一步讲,我预测统计学将以概率芯片*和其他形式,在未来的半导体行业发挥出更大的作用。从网络图片搜索到语音识别,许多计算密集型应用都采用了统计式机器学习算法。然而,这些算法几乎都运行在二进制图灵机上,这些机器为了获得不必要的精度而损失了性能和速度。我的想法很简单:将概率从器件层和电路层上提至指令层,获得基于概率指令实现运转的概率芯片。这些芯片运行现代统计计算算法的效率会大大提升。和图形处理器一样,概率芯片也对中央处理器起到补充作用。概率芯片已经走进现实,而且随着设备尺寸日渐缩小导致稳定性下降,高效语音识别和类似的需求又逐步增长,这种芯片的作用将更加显著。除了概率芯片,我希望看到后端制造工作也更多地采用概率方法,尤其是开始采用自组装这样的技术之时。

从冯·诺伊曼时代的真空管到如今的纳米级设备,利用不可靠组件开展可靠设计一直是人们的目标。我们可以依靠技术大军修修补补,也可以遵循数学原理,在拥抱不可靠性的同时,收获高良率、高性能、高速度的产品。

迈克·贾米奥科沃斯基(Mike Jamiolkowski)
康沃特公司(Coventor, Inc.)首席执行官

自动建模和仿真技术的应用极大降低了成本,提升了效率和速度,使得尖端芯片设计成为可能。然而,类似水平的复杂技术与创新成果尚未应用到下游的制造流程之中,尤其是工艺开发流程。考虑到推动摩尔定律发展的现代三维芯片工艺之复杂,这一问题便越发突出了。

如今,新工艺技术开发资金达数十亿美元,大部分花在了晶圆厂里的大量晶圆

---

* 概率芯片是基于贝叶斯概率与非门原理构建的新型芯片,它由晶体管制成,但输入输出值是概率而非0或1。——译者

实验上,以进行迭代试错的循环学习。据我估计,这些循环学习每2~3个月的迭代成本为5000万至1亿美元。

我们需要对先进制造流程进行更具预见性的建模,正如芯片设计架构和布局可进行"虚拟"分析。对每种设计的全制造流程进行预见性建模,这种"虚拟制造"方法可以生成晶圆上最终结构的三维模型,节省数百万美元不必要的循环迭代支出。这些三维模型富有预见性,可以保存制造流程中测量到的大部分关键数据,如重要尺寸、故障机理、灵敏度等,因此也可以避免许多开销巨大的循环实验。

虚拟制造技术将推动行业趋势,使大型无厂化芯片供应商获得更多的芯片专业技术,从而与代工厂开展更具成效的设计技术交流。我相信,芯片技术领域的这种预测模型法将是半导体工艺持续发展的关键所在,它将催生更高层次的创新,正如电子设计自动化工具与方法的使用产生出速度更快、质量更高的芯片设计。

乔·萨维基(Joe Sawicki)
明导公司副总裁、总经理

移动技术革命的神奇之处,在于其背后的三种推动因素:无线技术带来的可随时随地接入;网络上存在满足用户需求的无限信息;智能手机提供的专用计算平台。自个人电脑时代以来,这三种因素相互促进,导致半导体产品需求发生了规模最大的增长。

我们无需依靠预言,也能看到物联网将是这一趋势的合理延伸。它在利用移动技术革命的三种推动因素之余,又加入了另一层次的信息源,使我们能与周边事物交互并获得数据。

能够获取和控制几乎任何事物的状态,我们就可以改变自身面对世界和与之交互的方式。这一新思维将深刻影响家庭、工厂、交通、能源和食品,很有可能推动生产效率的大幅提升。相形之下,个人电脑和手机带来的进步将变得微不足道。

推动这一趋势的半导体系统需要符合严苛的成本、尺寸和功耗限制,才能真正得到广泛应用。我们需要开发实现三维封装技术,在目前硅中介层的基础上将成本降低一个数量级。实现这一切需要进一步理解和把握模型系统效应,重视系统级设计验证工具和懂得使用工具的工程师。种种成本限制还将推动测试领域的创新,确保多裸片封装测试成本不会超过零件成本。

苏比·肯格里(Subi Kengeri)
格罗方德公司先进技术事业部副总裁

未来几年里,诸多新兴应用和服务的普及扩散将推动我们行业的发展,如社交网络、云计算、大数据分析、可穿戴设备与物联网,一系列节点通过无线连接后将打造一个更为智能的世界。2010年至2020年,世界人口将从70亿小幅增长至80亿,而同期的互联设备数量有望从130亿增加至500亿,年增长率为15%。这些新应用的发展需要基于半导体技术的创新方案。例如,物联网带来了某些极具挑战的设计和制造难题。过去,物联网芯片上市时间约为3~4年,但未来的要求是1~2年,还需将单位成本降至1美元以下。信号链路的复杂度与手机相当,成本却只有后者的1%,尺寸和功耗则为1‰。半导体生态圈将以技术创新应对这些挑战,包括支持远程操作的超低功耗运行和能量采集技术。这些技术合在一起,将使种种设备连上可持续能量源获得无限期的能量供应,为泛在传感、环境监测和医疗应用打开大门。

崭新的应用和技术出现后,行业复杂度也随之上升,需要半导体生态圈开展更深层次的协作。在尖端技术领域,设计和制造成本将继续飙升,推动业务模式进一步转向无厂化或代工生产。然而,无厂化公司只需将独自完成的设计传递给合作代工厂的日子已经一去不复返。面对未来挑战,业界需要建立起真正的"设备制造协作化"机制,持续推动创新。代工厂2.0时代已经来临,只有那些乐于以开放姿态尽早开展深度合作的公司,才能在新形势下生存发展。

马丁·伦德(Martin Lund)
铿腾公司知识产权事业部资深副总裁

如今,设计复杂度和创新速度的提升令人吃惊。然而,想象一下3年到5年后回过头来阅读这篇文章的情景。往回看2014年,会觉得当下的前进步伐依然算是悠闲!我们将如何从当下走向未来呢?

思考一下:云平台上,3.3泽(即10^{21})字节的数据流量每年以两位数的百分比速度上升;每年有数千万台移动设备进入市场;2020年,物联网设备数量预计达到500亿台。

市场需求、上市时间、设计复杂度和标准、技术的演进,它们的共同作用推翻了种种"试验–检验"的设计方法。在90纳米层级,单个设计可集成约18个知识产权模块。到了14纳米呢?试试集成123个模块。在设计流程的初期就必须考虑软件情况优化硬件；设计团队应全面把握终端系统的功能规范，确保产品及时上市。

未来几年里，我们必须重新思考知识产权模块的选择方法，从而可以提升片上系统定制自动化水平。需要这么做的原因在于，设计师们往往目标远大。他们之所以如此，是因为摩尔定律对功能集成产生的作用意味着，成功的电子公司才能爬向食物链顶端，为客户提供更多价值，获取更多利润。

知识产权供应商原本只是行业大转轮上的一颗嵌齿，如今却在定义完备的子系统，提供各种软硬件功能，为芯片的整体需求做出了巨大贡献。反过来，它们的客户也在为自己的客户定义系统需求。

在奔向未来的过程中，功能集成、设计自动化和硬件验证，从全面的系统设计视角来看，将是提升工程效率的关键。

里奇·古德曼（Rich Goldman）
新思公司企业营销与战略联盟副总裁

过去50年里，半导体行业带来了人类历史上速度最快的变革。我们通常称之为摩尔定律。如今，孩子们脚上的运动鞋灯光控制芯片拥有的计算性能，超过了1960年我出生时整个世界所拥有的计算性能。我们实难一眼看穿接下来50年里即将出现的变化，但我们确定背后的动力来自半导体产业。毕竟，其他哪个产业的效率能在50年的时间里提升1000亿倍呢？

人们曾多次预测摩尔定律走向终结，但到目前为止他们都错了。我不擅长预测，但硅产业的长跑始终会有走到尽头的一天，剩下的时间远远少于50年，终点很可能就出现在接下来的20年里。为什么？无论从物理还是经济层面，跟上摩尔定律的节奏变得越来越困难。种种经济难题迫使我们往三个方向迈进：找到新方法，开发新设备，试验新材料。正如过去那样，工程师们将结合三个领域的进展，包括三维芯片裸片堆叠和鳍式场效应晶体管，找到前进之路。

伴随新纳米技术出现，工程师们还需要彻底变革材料，否则芯片计算功能就要开始以光子学或量子效应为基础。摩尔定律在50年前支配着整个行业，如今仍是如此。在未来，随着半导体行业推动发展进程，它将继续以某种形式发挥支配作用。这是人类史上速度最快的进程，它将继续带来我们今天即使在科幻小说中也难以想象出的种种技术可能。

雷蒙德·梁（Raymond Leung）
新思公司静态存储事业部副总裁

半导体行业正走向成熟，发展进程之中将面临诸多挑战。过去几十年里，新工艺技术无一例外获得了采用，只是时间点不同而已。过去的技术采用时间曲线呈钟形，而如今我们开始看到"靠后的"技术采用比例并未下降，或下降速度极其缓慢。最初，钟形曲线似乎变成两个小钟形曲线，如今则似乎更为分散。因此在我看来，如今的行业不再是技术驱动，更多的是应用驱动。我们面临的挑战是满足种种应用需求，无论是成本、功耗，还是像高压芯片或嵌入式闪存这样的特色，以及封装尺寸或性能。

理查德·戈林（Richard Goering）
资深EDA编辑和《铿腾行业洞察博客》作者

如何在半导体行业持续获得成功，人们已有诸多论述。芯片设计的供应链各方，包括知识产权供应商、电子设计自动化供应商和代工厂，必须尽早建立深度协作机制。电子设计自动化工具需要提升设计验证的抽象水平，推动设计重用。知识产权供应商必须逐步提供更复杂、且能被快速验证组装的软硬件"子系统"。

在这些讨论中，我们可能忽略了想象与创新的重要性。我们需要新想法、新技术。鳍式场效应晶体管是极佳范例。这一来自学术界的想法正在变成现实，有望大大改进20纳米以下节点的性能与功耗。我们需要更多"引下一场革命"的创意，尤其是当我们开始考虑10纳米之后需要什么样的技术。光电子学、量子计算和碳纳米管将发挥何种作用？什么会降低极紫外光刻的成本？

意义最为重大的行业协作将吸引新一代的设计师，这些挑战让他们心潮澎湃、兴趣满满。在处理今天的种种问题时，让我们为明天的美好创意打下基础吧！

唐·丁吉（Don Dingee）
SemiWiki.com网站博主

如今，半导体行业焦点集中在移动片上系统的开发和往14纳米级的发展路线，而更大的契机正初露端倪。在"半导体完美风暴"中，有四股力量相互碰撞：物联网之闪电、可编程逻辑之雷霆、微传感器之浪涛和"创客"运动之风潮。

移动平台作为用户入口，通过全球各地的社交体验连接起来，推动物联网蓬勃发展。驱动新型互联设备的微控制器需求激增，从每年250亿枚上升至数千亿枚。

云平台数据中心朝新的方向不断拓展，使用服务器的效率大大提升，负载可调的处理器功耗下降，更适应高负荷场景。

可编程逻辑已经不仅限于大型FPGA芯片，它进一步跨入片上系统和微控制器领域，让人们可以细颗粒度定制每个设备的输入输出接口与信号处理模块。对于低功耗平台而言，嵌入式视觉、数据包处理和加密类应用不再遥不可及。随着设计师逐渐认可定制化硬件，越来越多的用途得到开发，小型设备的知识产权模块数量也日益增长。

微机电系统传感器遍布四处，与一切融为一体，利用传感器融合算法进行环境感知。新晶圆厂凭借新工艺打造出尺寸更小、更智能的多功能传感器，使用了集成微控制器和无线电模块。先进的能源采集技术也助推了这一趋势，尤其是压电陶瓷、太阳能电池和薄膜可充电电池。

凭借这些价格低廉、功能强大的硬件和开源软件宝库，创客们扬帆起航，朝着新大陆开启发现之旅。在个人电脑时代，产品发布周期长达数年，而如今在应用市场和众筹资金的推动下，创新可谓源源不断。创业公司纷纷成立，自立门户，占据一隅，抢占动作缓慢者的市场。半导体完美风暴即将来临，做好被卷走的准备吧。

卢克·米勒（Luke Miller）

SemiWiki.com网站博主

堆叠硅片互联技术（stacked silicon interconnect，简称SSI）等出现后，可以预计模拟与数字方案将进行统一封装。我预测，构建数模转换器的可编程逻辑也能用于构建模数转换器。射频/数字芯片将成为现实，同时，利用SSI还可整合无线技术。

我们将告别DDR/LVDS技术，因为这些类型的设备接口无法跟上不断上升的数据需求。我们将迎来千兆串行接口时代，HMC、JESD204和其他竞争方案主导市场。*

---

* DDR（Double Data Rate），即双倍数据速率，与传统的单数据速率相比，DDR技术实现了一个时钟周期内进行两次读/写操作，即在时钟上升沿和下降沿分别执行一次读/写操作。LVDS（Low-Voltage Differential Signaling），即低电压差分信号，是1994年由美国国家半导体公司提出的一种信号传输模式，LVDS接口又称RS-644总线接口，是20世纪90年代出现的一种数据传输和接口技术。HMC（Hybrid Memory Cube），即混合存储立方体，是镁光公司与英特尔共同开发的概念式DRAM。与目前主流的DDR3相比，这种新的内存设计方法能够将能效提高7倍。JESD204，一种连接数据转换器（ADC和DAC）和逻辑器件的高速串行接口，该标准的B修订版支持高达12.5 Gbps串行数据速率，并可确保JESD204链路具有可重复的确定性延迟。——译者

互联技术的远期发展,将是设备层接口的光进铜退。印制线将使用光纤,千兆串行接口面临的长距离高速数据传输难题也将得到解决。单通道传输速度将超过100gb/s,这还仅是起点,推动业界走入兆兆比特信号的传输时代,而依赖铜质接口将无法实现。

随着设计电压降低,晶体管数量超过800亿的高密度芯片将于2020年出现,电磁干扰、单粒子翻转、软错误率和其他位元现象将成为首要问题*,同样重要的还有电子设计自动化领域的设计验证和设计自动化。随着我们迈步继续往前,电子/量子计算将造就惊人的技术世界,解决人们一度认为无法解决的难题。

埃里克·艾斯特威(Eric Esteve)
SemiWiki.com网站博主

半导体行业的发展进程令人惊讶,我们看到半导体产品几乎无处不在。如今,这一发展的主要推力显然是移动通信行业,消费者对其的接纳速度超过了从电视到汽车的任何产品。毫无疑问,半导体产品的普及扩散仍将持续,并在许多行业领域不断增长,新的应用将会冒出头来,如物联网或可穿戴通信产品,然而……

历史上,技术节点迈进一步,单位门电路价格下降约35%。但就最新技术而言,成本处于同一水平或者发生小幅上涨。与此同时,节点迈进一步,新芯片的开发成本还会出现指数级增长。

未来,是无厂化创业公司的诞生更频繁,还是行业内收购带来的集中化更常见呢? 苹果或三星公司行之有效的垂直整合方法,是否也会应用到电子设计自动化供应商或知识产权公司?

行业整合兼并的一个明显例子是汽车。半导体行业整合时,会出现类似于汽车行业的现象吗? 如今,移动设备应用处理器开发行业充满活力、竞争激烈,这些处理器可以和经典的高质量汽车相媲美,如1958年的凯迪拉克埃多拉多。我们希望半导体行业整合兼并后竞争减少,导致芯片只能与1984年的凯迪拉克西马龙相提并论吗? **

---

* 单粒子翻转是宇宙中单个高能粒子射入半导体器件灵敏区,使器件逻辑状态翻转的现象。软错误是指高能粒子与硅元素之间的相互作用在半导体中造成的随机、临时的状态改变或瞬变。——译者

** 埃多拉多(Eldorado)是凯迪拉克推出的一款十分成功的车型,而西马龙(Cimarron)通常被认为是凯迪拉克最失败的车型,性能差、设计不佳、销量低。——译者

对于极具活力、高度创新、硕果累累的半导体行业而言,创新一直是取得成绩的推动力。我希望行业各方明智行事,为创业公司留出空间,让创新思想肆意挥洒。2030年或以后,这种创新将成为后智能手机时代的产品推动力,保持半导体行业迄今为止始终具有的活力与辉煌。

丹尼尔·佩恩(Daniel Payne)
SemiWiki.com网站博主

半导体行业里有多个部分,它们共同构成了一个生态系统:设备制造商、晶圆厂、片上系统设计商、半导体知识产权、电子设计自动化软件和嵌入式软件供应商。我的工作经验主要集中在晶圆厂、片上系统设计、电子设计自动化软件和知识产权,因此我的讨论范围也仅限于这些领域。

未来依然会有少数几家大型代工厂和集成器件制造商能够承担数十亿美元的工艺研发费用,聚焦目标市场以保持晶圆厂高产能运转,实现盈利。三星、IBM等公司已经知道如何将集成器件制造商与代工厂的角色融为一体,如果英特尔采用选择性代工而非全面代工的模式,也有望加入这一行列。为了应对新工艺研发成本,我预计各公司将继续开展协作。

英特尔率先将鳍式场效应晶体管(也称为三栅极设计)投入生产,代工厂紧随其后采用了这一技术,大规模取代互补金属氧化物半导体。另一种逐渐获得发展动力的工艺技术是全耗尽型绝缘层上硅(FD-SOI),尤其是在要求低功耗的应用场景,该技术相比鳍式场效应晶体管独具优势。

30多年时间里,我们看到电子设计自动化三巨头收获了整个行业约85%的软件营收,明显主导市场,这一趋势仍将继续。小公司将聚焦新兴领域,市场规模小到无法引起三巨头的注意,又足以让小公司实现盈利发展。对创业公司而言,退出策略要么是被三巨头收购,要么是与其他小公司合并,以扩展软件产品线。电子设计自动化软件业务多年来已呈现成熟态势,增长率只有一位数,公司上市的前景并不明朗。

新的业务增长点集中在半导体知识产权,该领域已不仅仅是标准元件、存储器和处理器,还包括模拟/混合信号和包含软件、驱动的子系统。电子设计自动化联盟报道行业营收数据时,也加入了半导体知识产权业务,该领域的营收持续增长。我预测,该领域将出现更多收购,因为新思、铿腾之类的公司渴望纳入战略模块的提供商,获得发展。

我希望看到新的颠覆性纳米技术出现,打破现状,突破渐进式发展。我这一生中见证了分离式双极型晶体管到集成式金属氧化物半导体、互补金属氧化物晶体管,再到鳍式场效应晶体管的行业转变,看着单一芯片的晶体管数量从屈指可数增长到数十亿。我在想,自己能否见证片上系统的晶体管数量达到万亿呢?

帕万·库马尔·范哥利亚(Pawan Kumar Fangaria)
SemiWiki.com网站博主

当今时代,互联网是移动设备、智能手机的关键催化剂,后两者又是半导体业务的首要驱动力。物联网将引发半导体行业的下一场革命。我们将看到自动化水平、安全性、隐私保护、便利程度和其他我们目前想不到的方面有了改善。整个世界将通过诸多链接实现互联互通。

这种互联互通将进一步变革半导体行业。摩尔定律会走向另一个维度,逐渐成为"每两年,单位体积晶体管数量翻番,价格折半"。在次纳米技术节点,厂家必须以更快的速度、更低的成本推出性能更高、功耗更低的产品。三维芯片将无处不在。要以更快的速度和更低的成本推出这种尺寸的产品,必须有虚拟制造的技术助力,它将成为半导体行业发展的新型催化剂。代工厂只会将接近完美的设计投入生产,以最低成本保证成品率。

微电机系统将推动这一转变,它会在即将到来的物联网时代发挥领头作用。大多数半导体设计都将嵌入微电机系统传感器。设计自动化工具也将出现变革,以对包含微电机系统和芯片的综合系统进行设计验证,更好地预测成品率、可靠性、功耗和热耐受性等指标。低耗能将显得至关重要,需要用上更新颖的软硬件解决方案。可再生资源方面将获得发展动力,以延长电池的使用寿命。

在这场大规模变革中,数据存储需求将出现爆炸性增长,进一步推动云计算发展。市场上也将出现新型的高密度存储器和超高容量的智能服务器。

保罗·麦克莱伦(Paul McLellan)
SemiWiki.com网站博主、作家

显然,摩尔定律还将继续发挥作用,因为我们清楚地知道如何将芯片制造技术延伸至7纳米节点。顺便说一句,7纳米只是个名字,不是指芯片上有7纳米组件。单位晶体管成本是否将持续下降,目前成本最低的28纳米工艺是否将永远保持这一成本优势?对于这两个问题,人们没有那样清晰的结论。至于存储器,动态随机存取存储器中保存数据的电容,其尺寸在某一时间点后也将不再缩小。三维芯片有可能引发另一场变革,但目前同样存在价格过高的问题。

我们即将迎来这样的时代:过去50年里推动半导体行业发展的经济原理也许将走到终点。即便单位晶体管成本在新的工艺节点依然会有些微下降(英特尔就是如此宣称),我们的智能手机拥有的图形处理能力超过30年前造价百万美元的飞行模拟器,价格却降低了10 000倍,这样的情况将不会再现。手机永远不会像信用卡计算器那样,价格便宜到可以免费赠送。

大众与媒体尚未注意到这一点。每个人都认为摩尔定律将继续发挥作用,因为iPhone 5比iPhone 4性能更强。但这种对片上系统价格出现几美元增长并不敏感的市场,规模十分有限。iPhone 5的价格并不比iPhone 4便宜。过去售价数千美元的个人电脑如今只需花上几百美元。但这一趋势并未出现在iPhone身上。

另一方面,变革可能发生。半导体技术或电子设计自动化领域的某些技术突破可能打破僵局。碳纳米管?定向自组装技术?光互连技术?量子计算?甚至可能是极紫外技术。这一次,或许真的变得不同。

丹尼尔·南尼(Daniel Nenni)

SemiWiki.com网站博主、作家

在我看来,半导体行业发展进步面临的最大挑战来自经济领域。我毫不怀疑,无厂化半导体生态圈将扫除工艺节点发展道路上的技术障碍。然而我坚信,我们低估了现代半导体设计制造财务负担日益加重带来的影响。

无厂化业务模式的诞生打开了大门,只要有创意和一点资本,任何人都可以跨入。这种体现为范式转移的竞争本质为我们带来种种创新产品,价格上的吸引力只有吉恩·罗登贝瑞*才能想象得出。不幸的是,随着行业走向成熟,兼并整合开始出现,创新之门又再次关闭。

伴随兼并整合而来的是劳动力削减,这一趋势难以逆转。如今,工程与科学领域的劳动力占比不到5%。当大学毕业生认为半导体行业相比谷歌、脸书和推特之类的公司显得老旧无趣时,我们如何才能引进新人才呢?

吸引新投资也是个问题。全球半导体联盟于2014年1月发布的市场观察报告指出,2013年半导体行业投资交易额相比2012年下降了63%。无厂化半导体交易总

---

* 吉恩·罗登贝瑞(Gene Roddenberry),1921年8月19日出生于美国得克萨斯州,担任过编剧、制片、导演、演员,主要作品有《星际迷航》系列,于1991年10月24日去世。——译者

量同期下降了30%。每笔交易的平均价格也下降了13%。你若真想了解什么将终结摩尔定律,答案绝对是,经济。

作为一个行业,我们没能出色地向外界全面阐述自身的传奇故事。SemiWiki.com网站和本书创作的动机就在于此。我们希望每个人都能知道,无厂化半导体生态圈造就了当今各种门类的半导体产品,而它们是现代生活中一个很重要的部分。